Canon EOS 60D
单反相机超级手册

向玮 / 编著 ■

化学工业出版社

·北京·

本书是一本关于Canon EOS 60D的实用性使用手册，通过专业、细致的讲解，辅以大量精美的图片，首先详细介绍了Canon EOS 60D分解图、机身设计、感光元件和感光度、连拍能力和画质记录、自动对焦性能、测光感应器和曝光、取景系统和除尘系统、基本拍摄区模式及机内图像处理、高清短片拍摄等，帮助用户迅速掌握Canon EOS 60D的各种操作键和基本功能。然后将Canon EOS 60D与Canon EOS 50D进行了对比分析，为这两款产品的用户提供更多的参考。最后作者结合从自己多年的拍摄经验，为读者介绍了使用Canon EOS 60D拍摄人像、风光、高清短片的设置方法和技巧，帮助用户获得更高的拍摄成功率。

本书语言精练、内容实用、照片精美，让您在充分领略EOS 60D性能的同时，能够最大限度地发挥其优势，拍摄出高质量的数码照片。本书适合Canon EOS 60D用户和准备购买Canon EOS 60D用户作为参考资料，也适合所有层次的专业和业余摄影师阅读参考。

图书在版编目（CIP）数据

Cannon EOS 60D单反相机超级手册 / 向玮编著

北京：化学工业出版社，2011.2

ISBN 978-7-122-09969-3

Ⅰ．C… Ⅱ．向… Ⅲ.数字照相机：单镜头反光照相机-摄影技术-手册 Ⅳ．①TB86-62②J41-62

中国版本图书馆CIP数据核字（2010）第227865号

责任编辑：王思慧 张 敏　　　　　　　　　装帧设计：李 响

责任校对：王素芹　　　　　　　　　　　　模 特：陆鋈

出版发行：化学工业出版社（北京市东城区青年湖南街13号　邮政编码100011）

印　装：北京方嘉彩色印刷有限责任公司

889mm×1194mm 1/16　印张9½　字数234千字　2011年2月北京第1版第1次印刷

购书咨询：010-64518888（传真：010-64519686）　售后服务：010-64518899

网　址：http://www.cip.com.cn

凡购买本书，如有缺损质量问题，本社销售中心负责调换。

定　价：49.00元

前 言

  Cannon EOS 60D是佳能发布的又一争议不断的产品，由于定位的调整，该机在许多性能得以提高的同时，也降低了部分配置。

  "工欲善其事，必先利其器"，对于摄影爱好者来说，想要在数码单反摄影方面有所提高，除了拥有适合自己的数码单反相机和镜头外，一本通俗易懂、图文并茂的摄影参考书也是必要的。

  全书共6章和1个附录，主要从Cannon EOS 60D的作品赏析、分解图、基本功能、与Cannon EOS 50D的对比、个性设置、配置推荐以及Cannon EOS 60D的基本参数7个方面进行讲解，让您在充分领略EOS 60D性能的同时，能够最大限度地发挥其优势，拍摄出高质量的数码照片。

  在开篇的作品欣赏中，大家可以看到在不同的拍摄条件下使用Cannon EOS 60D拍摄不同的题材时的具体表现，总的来说，其高像素和不错的降噪水平给我们留下了深刻的印象。 在分解图部分，详细标出了相机各个操作键的名称，使您能够尽快熟悉相机的结构并快速上手操作。而在基本功能部分，我们以一个初学者的视角，将Cannon EOS 60D的主要功能结合实际应用及精美照片进行了介绍。在与Cannon EOS 50D的对比中，对Cannon EOS 60D所作的重大改进加以分析，希望能为这两款产品的用户提供更多的参考。

  Cannon EOS 60D的个性设置部分是根据EOS 60D的特点，从人像、风光、高清短片三方面为用户提供各种设置参考，帮助大家获得更高的拍摄成功率。而最后的配置推荐部分，我们针对用户的不同需求，为大家量身打造了从镜头到摄影包、三脚架、闪光灯等在内的各种配置方案。

  本书主要由向玮编写，参与本书编写的人员包括李纲、黄幸、张云龙、刘启壮、张莉、秦琴、张科丽、官秀瑾、王清江、岳莉、徐昌英、严长安、李国强、李明昕、干律明、廖兴秀、李鹏、吕建宾等。另外，马威、马剑、陈曦、杨坤也参与了本书的设计工作。

  如读者对本书和Cannon EOS 60D单反相机还有其他问题，也可添加我们的QQ：615791229进行咨询，总之，我们希望此书不单是一件商品，更是架接你我的一道桥梁！

  由于编者水平有限，书中不足之处，恳请广大读者批评指正。

编 者

Part 1 Canon EOS 60D 作品赏析

Part 2 Canon EOS 60D 分解图

CONTENTS

Canon EOS 60D
单反相机超级手册

目　录

Part 3 Canon EOS 60D
基本功能

Part 4 Canon EOS 60D与50D的对比

Part 5 Canon EOS 60D 个性设置

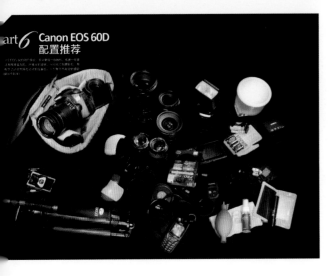

Part6
Canon EOS 60D
配置推荐

Part 1 | Canon EOS 60D
作品赏析

光圈: F4

快门: 1/100秒

感光度: ISO 200

白平衡: 日光

镜头: EF 70-200mm f/2.8L USM

Canon EOS
60D

▶ 由于身处阴天，所以使用EOS 60D
配合580EX II从相机左侧进行无线离
机闪光，从而获得了锐利和层次丰富的
画面，EOS 60D的无线引闪功能在日
常使用中确实非常方便。

▶ 吐丝的毛虫在空中摇曳着，虽然有所反复，但EOS 60D+EF 100mm f/2.8L IS USM MACRO还是准确合焦了，托佳能新百微镜头防抖功能的福，我们没有把这张有趣的图片拍虚。

光圈: F4

快门: 1/60秒

感光度: ISO 400

白平衡: 日光

镜头: EF 100mm f/2.8L IS USM MACRO

▶ 难得一见的时刻，一束光线照亮了建筑的墙面，其他脏乱的部位却陷于黑暗之中。举机快速拍摄，EOS 60D的曝光补偿此时大显身手，经过-3.5级补偿后，最后的效果就在眼前。

光圈: F11

快门: 1/125秒

感光度: ISO 100

白平衡: 日光

镜头: EF-S 18-135mm f/4-5.6 IS

▶ 如果有条件，大家在拍摄夜景的时候最好携带上三脚架，以保证能拍摄出最佳画质。不过我们为了测试EOS 60D的高感光度，在此将ISO设置为800。事实证明，画面虽不如低感时细腻平滑，但比之前的EOS 50D已有明显进步。

光圈: F5.6
快门: 1/60秒
感光度: ISO 800
白平衡: 日光
镜头: EF-S 18-135mm f/4-5.6 IS

Canon EOS
60D

▶ 这样的大逆光环境对相机的考验是毋庸质疑的。事实证明，EOS 60D的改良型测光系统能够很好地把握重点（画面高光部分得到很好的保护），但该机的画面层次表现一般，所以图片的暗部细节没有得到充分展现。

光圈: F11
快门: 1/125秒
感光度: ISO 100
白平衡: 日光
镜头: EF-S 18-135mm f/4-5.6 IS

Canon EOS
60D

Canon EOS
60D

▶ 轰轰烈烈的唱红歌运动为我们提供了丰富的拍摄机会，EF 50 mm f/1.8 II配合EOS 60D在室内大有作为。由于属于APS-C画幅（而且是×1.6），小小的中焦镜头一下变成了大口径中长焦镜头，为我们留住了这一温馨的画面。

光圈: F2.8
快门: 1/60秒
感光度: ISO 200
白平衡: 自动
镜头: EF 50 mm f/1.8 II

▶ EOS 60D的对焦系统虽不是特别强大，但日常使用完全足够，偶尔拍拍足球比赛，也能较好应付。不过，该机的缓存较弱，使用RAW格式拍照片时，有时候让我们非常恼火。

光圈: F4
快门: 1/500秒
感光度: ISO 400
白平衡: 自动
镜头: EF 300mm f/2.8L IS II USM

▶ 虽然佳能新款EF 70-200mm f/2.8L IS Ⅱ USM已经出现，但居高的价格实在没有亲和力。"小白"价格便宜，在EOS 60D上由于不用边角部分成像，因此画质完全可以满足我们的需要，所以拍摄的人像依然是焦外虚化漂亮，焦内锐利。

光圈: F2.8
快门: 1/125秒
感光度: ISO 200
白平衡: 自动
镜头: EF 70-200mm f/2.8L USM

Canon EOS
60D

▶ 在草丛中遇到几只可爱的"精灵"，匆忙地架好脚架，将相机的LCD转向上，然后以实时取景模式对焦拍摄。虽然快门速度有点慢，但因为没有反光板震动（实时取景时反光板会预升），再加上有小脚架的支撑，画面没有发生抖动。

光圈: F3.5
快门: 1/30秒
感光度: ISO 100
白平衡: 自动
镜头: EF 70-200mm f/2.8L USM

▶ 虽然使用的是EF-S 10-22mm F3.5-4.5 USM，但EOS 60D的暗角控制功能帮助我们很好地处理了这一恼人问题。在拍摄风光或建筑时，暗角控制功能确实大有作为。

光圈: F4.5
快门: 1/30秒
感光度: ISO 200
白平衡: 日光
镜头: EF-S 10-22mm F3.5-4.5 USM

Canon EOS
60D

▶ 有人说，风光摄影中90%的时候都该使用日光白平衡，此话看来不假。良好的相机设置，让我们在杂乱的现实中获得了丰富的层次和纯净的影调，宁静与喧哗似乎在此归一。

光圈: F11
快门: 1/125秒
感光度: ISO 100
白平衡: 日光
镜头: EF–S 18–135mm f/4–5.6 IS

Canon EOS
60D

▶ 站在天桥大桥上，架好脚架后打开实时取景观察车流，在最佳的拍摄时刻按下快门。夜晚拍摄，宽大的LCD确实比小小的取景器更方便观察画面细节，而EOS 60D的可旋转LCD更是没有了角度的束缚，让拍摄显得更为愉快。

光圈：F8
快门：10秒
感光度：ISO 100
白平衡：日光
镜头：EF-S 18-135mm f/4-5.6 IS

▶ 在逆光下使用"小白"拍摄一片叶子，EOS 60D的评价测光为我们提供了基本的参数，我们只要拨动拨轮，减少1挡的曝光，一切就凝固在了图片之中！

光圈: F2.8
快门: 1/500秒
感光度: ISO 200
白平衡: 日光
镜头: EF 70-200mm f/2.8L USM

▶ 这样的画面看似平常，其实对相机的要求颇高。从这张RAW转出的图片中我们可以发现，EOS 60D的层次表现力一般，但长时间曝光的噪点控制不错。

光圈: F16

快门: 2秒

感光度: ISO 200

白平衡: 日光

镜头: EF-S 18-135mm f/4-5.6 IS

Canon EOS
60D

Part 2 | Canon EOS 60D 分解图

Canon EOS 60D套机附件图　EF-S 18-200mm　f/3.5-5.6 IS

A　EOS 60D机身
B　EOS数码解决方案光盘
C　软件使用说明书光盘
D　电池充电器LC-E6E
　　（含电源线）
E　LP-E6锂电池
F　立体声视频连接线
　　AVC-DC400ST
G　USB接口连接线
H　相机背带EW-60D
J　EF-S 18-135mm
　　f/3.5-5.6 IS

模式转盘

创意拍摄区

C　自定义模式
B　B门
M　手动曝光
Av　光圈优先曝光
Tv　速度优先曝光
P　程序自动曝光

基本拍摄区

　　全自动
　　闪光灯关闭
CA　创意自动拍摄
　　人像
　　风光
　　微距
　　运动
　　夜景人像
　　视频
（中间为防误触按钮）

正面设计

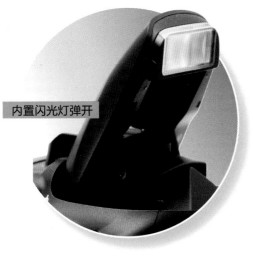

内置闪光灯弹开

减轻红眼/自拍指示灯

红点: EF镜头安装标志
白点: EF-S镜头安装标志

麦克风

自动对焦辅助灯

镜头固定销

快门按钮

遥控感应器

反光镜

手柄
（电池仓）

景深预视按钮

镜头卡口

CMOS感光芯片

触点

镜头释放按钮

背面设计

可翻转液晶监视器

屈光度
调节旋钮

实时显示拍
摄 / 短 片 拍
摄按钮

左键：自动曝光锁/
闪光曝光锁按钮/索
引/缩小按钮
右键：自动对焦点
选择/放大按钮

取景器目镜

眼罩

菜单按钮

信息按钮

数据处理
指示灯

速控按钮

设置按钮

方向键

速控转盘

LCD显示屏

删除按钮

回放按钮

速控转盘锁释放按钮
直接打印按钮

可翻转LCD显示屏

背带环

焦平面标记

右侧设计

存储卡插槽内部

存储卡插槽盖

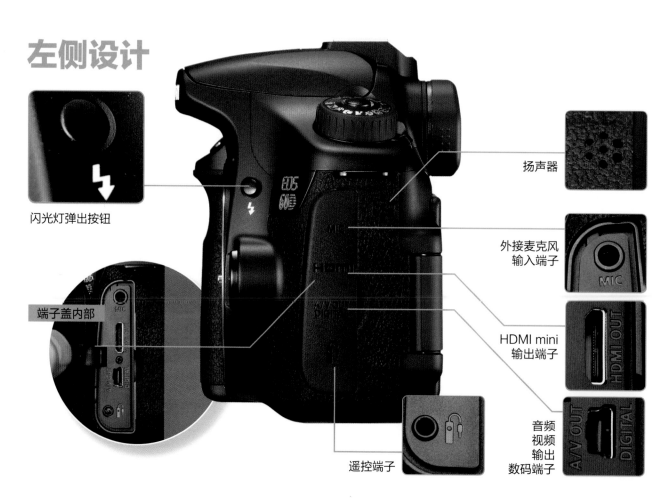

左侧设计

闪光灯弹出按钮

端子盖内部

扬声器

外接麦克风
输入端子

HDMI mini
输出端子

遥控端子

音频
视频
输出
数码端子

顶部设计

模式转盘锁
释放按钮

闪光同步触点

自动对焦模式
选择按钮

驱动模式
选择按钮

主拨盘

ISO感光度
设置按钮

背带环

模式转盘

电源开关

热靴

液晶显示屏

测光模式
选择按钮

液晶显示屏
照明按钮

底部设计

电池仓盖释放杆

直流电连接器
电源线孔

电池仓内部

电池仓盖

三脚架接孔

Part 3 | Canon EOS 60D 基本功能

从某种意义上来说，EOS 60D是佳能EOS ××D系列的一个新开始。由于定位的改变，它不得不在某些性能上做出妥协，塑料机身和高速连拍功能的减弱证明了厂商面对经济利益时的无情。但同时，可旋转LCD和短片拍摄能力的加入，以及一些新功能的采用，让它在一系列设计上得以突破，从而让我们在第一眼看到它时，既充满了叹息，也颇显惊喜。

18-135mm 1:3.5-5.6 IS

CANON INC.

1:1.8 f=50mm

610-

3
08 09 1   35 4   5   7   10 15 30 ∞
17   15   2   3   5 10

22 16 8 4   48 16 22
1.8 2.8 4 5 6 8

1 机身设计

相对于之前的产品，EOS 60D在机身设计上调整较大，考虑到EOS 50D在操作上的一些瑕疵，EOS 60D继续在操作性能上进行了改进，不但加入了可旋转LCD，各种操作按钮也经过了重新设计，从而给人一种焕然一新的感觉。

机身规格

EOS 60D的重量约675克（不包含电池及存储卡），尺寸为144.5mm×105.8mm×78.6mm，可以说，虽然在体积上不比前作小，但重量上确实轻了不少，所以携带性能有所提升。该机一如既往地采用了饱满深沉的黑色，整体尽显着专业气息，可以给用户带来更多的自豪感。

EOS 60D的机身既继承了佳能的EOS风格，又有明显的改进。

造型设计

由于进行了重新定位，EOS 60D采用了塑料材料，但其高硬度的外壳依然展现了出色的质感（机身涂装采用了新开发的材料）。该机继承了佳能EOS的设计理念，运用众多连续曲面来表现相机的坚实与致密感。该机的设计核心在于"骏朗造型"，其优美立体的流线型卡口面及去除了多余部分的倒角构成了一台精悍的机身。

速控转盘

EOS 60D新开发的多功能速控转盘，在原有速控转盘内侧的"SET（设置）"按钮外，新增了十字方向键，我们只需通过右手的拇指便可对各种设置进行变更。此外，如EOS 550D一样，该机很多使用频率高的操作按钮都集中配置在机身背面右侧，从而提高了拍摄时的操作性，也为背面LCD的可旋转化提供了支持。

速控按钮

EOS 60D设置有专门的速控按钮（Q键），在拍摄中，我们可以通过EOS 60D的速控屏幕，在背面LCD中对光圈值、ISO感光度、测光模式以及画质等相机功能进行设置。事实上，只要按下速控按钮，用户就可在相机的LCD上进行常规的设置，从而大大提高了拍摄的效率。

> EOS 60D的很多使用频率高的操作按钮都集中配置在了机身背面右侧。

新增模式转盘锁释放按钮及B门

从EOS 10D到EOS 50D，当从摄影包取出相机的时候，都可能因无意中转动模式转盘而出现误操作。于是，EOS 60D借鉴了尼康中高端产品的设计，在模式转盘上增加了模式转盘锁释放按钮，以防止无意中转动模式转盘而造成拍摄失败。此外，该机在模式转盘中增加了B门模式，因此，我们不用先将相机调整到M档再拨动快门速度，就可以方便地进行长时间曝光。

> 在改变EOS 60D拍摄模式时，我们要先用手指压住转盘中间的模式转盘锁释放按钮，然后再旋转转盘选择模式。虽然看似麻烦，但更为保险了。

右肩按钮

与之前的同级产品一样，EOS 60D机顶液晶显示屏前方排列了4个按钮（在快门键的后侧），可分别对自动对焦模式、驱动模式、ISO感光度和测光模式进行设置（每个按钮均只对应1种功能的设置）。如果您是佳能中端产品的老用户，完全可以凭感觉，轻松、快速地对这些使用频率很高的功能进行变更操作。

60D拍摄菜单

画质	▲L
提示音	启用
未装存储卡释放快门	
图像确认	2秒
周边光量校正	
减轻红眼 开/关	禁用
闪光灯控制	

曝光补偿/AEB	-3..2..1..0..1..2.:3
自动亮度优化	
照片风格	风光
白平衡	☀
自定义白平衡	
白平衡偏移/包围	0.0/±0
色彩空间	sRGB

除尘数据	
ISO自动	最高:6400

实时显示拍摄	启用
自动对焦模式	实时模式
显示网格线	网格线1 ✦
长宽比	3:2
曝光模拟	启用
静音拍摄	模式1
测光定时器	16秒

保护图像
旋转
删除图像
打印指令
创意滤镜
调整尺寸
RAW图像处理

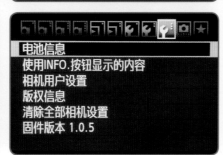

高光警告	禁用
显示自动对焦点	禁用
显示柱状图	亮度
用 ✿ 进行图像跳转	↪10
幻灯片播放	
评分	
经由HDMI控制	禁用

自动关闭电源	1分
自动旋转	启用 ✿❑
格式化	
文件编号	连续编号
选择文件夹	

电池信息
使用INFO.按钮显示的内容
相机用户设置
版权信息
清除全部相机设置
固件版本 1.0.5

C.Fn I :曝光
C.Fn II :图像
C.Fn III :自动对焦/驱动
C.Fn IV :操作/其他
清除全部自定义功能(C.Fn)

我的菜单设置

回放速控屏幕

　　EOS 60D在回放图像时，只要按下速控按钮即可启动回放速控屏幕，这样便可迅速对保护图像、旋转、评分、创意滤镜、调整尺寸、高光警告、显示自动对焦点、用主拨盘进行图像跳转这8项功能进行设置，有效简化了操作步骤，并节省了用户的时间。

② 感光元件和感光度

虽然在部分性能上不如前作，但EOS 60D在感光元件上的升级是明显的，其不但搭载有1800万有效像素CMOS图像感应器，还可扩展至12800的高感光度，因此比前作有了明显进步！

1800万有效像素 CMOS感应器

EOS 60D搭载的图像感应器是佳能自行研发生产的APS-C规格，由于采用了集成度更高的CMOS制作工艺，单个像素达4.3μm×4.3μm尺寸，有效像素约1800万，可实现高精细的表现。

该CMOS所使用的将光线转换为图像信号的光电二极管采用了开口率（光电转化效率）较高的结构。传感器内部的晶体管也进行了改良，提高了信噪比。不仅如此，这块图像感应器还采用了无间隙微透镜，相邻微透镜间实现了无间隙状态，大幅提升了聚光率。而且，也缩短了微透镜到光电二极管的距离，聚光率的提升使信噪比也得以提高。

正是由于这些新技术的采用，更好地抑制了高像素下噪点的产生，因此，EOS 60D的常用ISO感光度范围扩大至ISO 100~ISO 6400。另外，该芯片的动态范围也得以扩展，所以相对于EOS 50D，该机在高ISO时具有更丰富的层次表现。需要指出的是，虽然其与EOS 550D所用CMOS相同，但与EOS 7D的CMOS是不一样的。

微透镜的间隙

从微透镜到光电二极管的距离

EOS 60D — 光电二极管 — EOS 50D

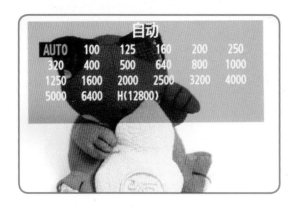

可扩展至12800的高感光度

EOS 60D具有ISO 100~ISO 6400的常用ISO感光度，并且可通过ISO扩展功能达到ISO 12800。虽然在高感下的成像质量可用度不高，但敢于做到如此高的感光度，除了广告宣传行为外，也说明佳能的自信。事实上，该机的高感比起EOS 50D确实更好一些，同等情况下，基本比EOS 50D拥有高一档的ISO可用度。另外，与竞争对手相比，EOS 60D的最低感光度为ISO 100，因此，可以在选择大光圈的同时降低快门速度，而这一点在夏天的烈日下拍摄尤其重要。

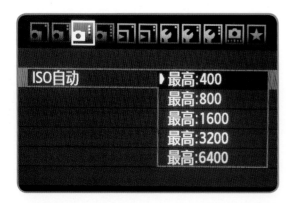

可设置上限的ISO自动功能

EOS 60D具有ISO自动功能，该机可以设置ISO自动最高值（可在ISO 400~ISO 6400范围内，以1级为单位进行设置），就这一点而言，是非常实用的。比如在拍摄日落这类场景时，用户往往希望获得较少噪点的良好画质，这时，可将ISO感光度的上限设置为ISO 400。手持相机拍摄夜景或是动作迅速的主体，需要提高快门速度，这时，可以将ISO感光度的上限设置为ISO 1600。另外，使用EOS 60D的创意拍摄区模式进行拍摄，且ISO感光度由相机自动设置时，我们同样可以通过自动ISO功能设置ISO感光度的上限。

比前作更为优秀的高感，让EOS 60D即使在晚上手持拍摄，也能获得画质不错的照片。

EOS 60D＋EF-S 18-135mm f/4-5.6 IS，光圈: F8，快门: 1/30秒，感光度: ISO 1600，白平衡: 日光

③ 连拍能力和画质记录

在连拍能力上，EOS 60D相比EOS 50D有所退步。不过，其实那一点点的退化并不会影响到我们实拍中的发挥，而该机最高1/8000秒的高速快门和35种画质组合却为我们提供了高水准的拍摄保障。

1/8000秒的高速快门

从电源开关开启到进入可拍摄状态，EOS 60D的启动时间约0.1秒，因此，足可应对突然出现的拍摄时机。

该机的快门速度可在1/8000秒~30秒之间进行选择，并可有专门的B门用于更长时间的曝光。由于拥有1/8000秒的高速快门，我们即使在明亮场景下使用大光圈镜头的最大光圈来拍摄（比如为了完全虚化背景，在夏天烈日下拍摄人像），也可有效防止曝光过度。而使用低速快门进行长时间曝光，则可让我们体验到更多特别的表现效果。

4通道数据读取

EOS 60D所用的CMOS采用了4通道数据读取方式。凭借多通道数据读取，其能够在高像素下对14位大容量数据进行高速读取，由此实现了最高约5.3张/秒的连拍速度以及最高约30帧/秒的全高清（分辨率1920×1080）短片拍摄。

EOS 60D的图像感应器组件结构

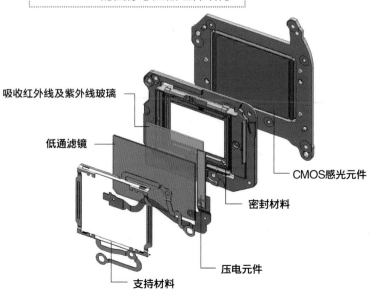

吸收红外线及紫外线玻璃

低通滤镜

CMOS感光元件

密封材料

压电元件

支持材料

5.3张/秒的高速连拍

　　我们知道，在拍摄运动速度较快的运动场景及不易把握运动方向的动物等主体时，使用连拍功能可提高拍摄的成功率。EOS 60D可实现最高约5.3张/秒的连拍速度（需要说明的是，该机是以14位RAW画质进行记录的情况下，保持的这一连拍速度），虽然比EOS 50D要低，但日常使用完全足够。

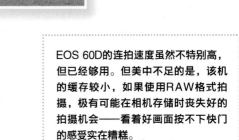

EOS 60D的连拍速度虽然不特别高，但已经够用。但美中不足的是，该机的缓存较小，如果使用RAW格式拍摄，极有可能在相机存储时丧失好的拍摄机会——看着好画面按不下快门的感受实在糟糕。

只要我们按下相机的DRIVE键，再拨主拨盘，就可以由单张拍摄变为连拍或低速连拍。

新型高像素CMOS加上优秀的处理器，成就了EOS 60D良好的画质。

EOS 60D + EF-S 10-22mm F3.5-4.5 USM

光圈: F8，快门: 1/125秒，感光度: ISO 100，白平衡: 日光

35种画质组合可供选择

　　EOS 60D共有11种图像记录画质可供选择，其中，JPEG图像8种（包括相当于约250万像素的S2和相当于约35万像素的S3），RAW图像3种。如果加上JPEG＋RAW的组合，该机共有35种画质组合可供用户选择！

TIPS

JPEG画质下最大连拍数量

图像大小	记录的像素	文件 (MB)	最大连拍数量 (张)
L (精细)	5184×3456	约6.4	约58
L (标准)	5184×3456	约3.2	约300
M (精细)	3456×2304	约3.4	约260
M (标准)	3456×2304	约1.7	约1930
S1 (精细)	2592×1728	约2.2	约1500
S1 (标准)	2592×1728	约1.1	约3100
S2	1920×1280	约1.3	约2580
S3	720×480	约0.3	约10780

（基于使用4GB存储卡时的佳能测试标准，3:2长宽比、ISO 100和标准照片风格）

EOS 60D画质

记录画质	像素数	分辨率
RAW	约1790万像素	5184×3456
M-RAW	约1010万像素	3888×2592
S-RAW	约450万像素	2592×1728
L(优/普通)	约1790万像素	5184×3456
M(优/普通)	约800万像素	3456×2304
S1(小1)(优/普通)	约450万像素	2592×1728
S2(小2)	约250万像素	1920×1280
S3(小3)	约35万像素	720×480

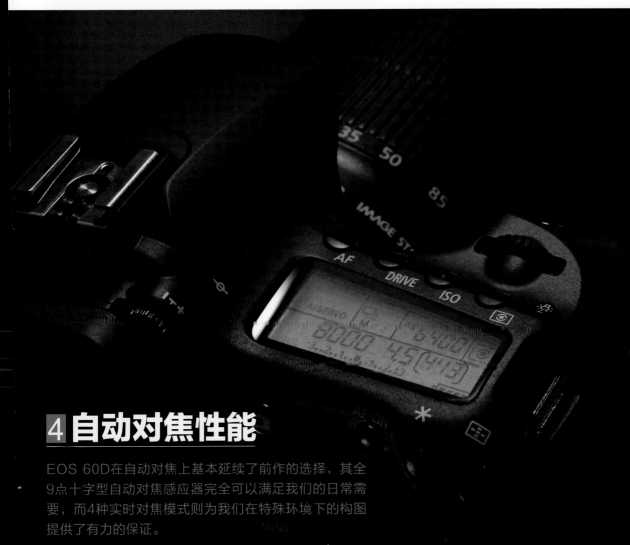

④ 自动对焦性能

EOS 60D在自动对焦上基本延续了前作的选择，其全9点十字型自动对焦感应器完全可以满足我们的日常需要，而4种实时对焦模式则为我们在特殊环境下的构图提供了有力的保证。

全9点十字型构造
的自动对焦感应器

　　EOS 60D虽然只有9个自动对焦点，但所有对焦点均在横竖方向上成十字型，并配置了对应F5.6光束的自动对焦感应器（对应F5.6光束的自动对焦感应器能够更迅速的合焦）。为了避免出现多次对焦而造成结果的不同，EOS 60D在使用频度较高的中央上、中、下3个自动对焦点，采用了两列感应器上下错开半个像素交错式排列的一组三段式。当使用三段式中的其中一段两列感应器进行双重检测时，能够降低对焦的偏差。另外，由于EOS 60D可以使用三段一组的整组自动对焦感应器进行检测，因此，在大脱焦状态下也能够迅速合焦于主体，使快速自动对焦成为可能。

EOS 60D搭载了对应F2.8中央八向双十字，全9点十字型自动对焦感应器的高性能自动对焦系统，能够迅速精确地捕捉包括暗光下的各类主体

EOS 60D + EF 300mm f/2.8L IS II USM，光圈: F3.5，快门: 1/250秒，感光度: ISO 1600，白平衡: 日光

TIPS

对应F2.8光束的 八向双十字型 自动对焦感应器

在EOS 60D上，使用频度较高的中央自动对焦点，采用了对焦精度较高的对应F2.8光束的十字型自动对焦感应器，并通过将其斜向配置在对应F5.6光束的十字型自动对焦感应器上，构成了八向双十字型自动对焦感应器。我们知道，对应F2.8光束的自动对焦感应器具有对焦精度高的特点，所以当我们将最大光圈大于F2.8的镜头安装在EOS 60D上，并使用中央自动对焦点进行对焦时，对应F5.6光束与对应F2.8光束的自动对焦感应器会同时工作，从而保证了高速精确的八向双十字自动对焦感应器这一对焦组合，能够在对对焦要求较高的拍摄场景中，发挥出更大的作用。

从这一组运动照片可以看出，虽然主体在剧烈运动，而且前后景都出现了具有干扰的运动体，但相机依然紧紧地锁定了主体，保证了照片拍摄的成功。

人工智能伺服自动对焦Ⅱ代对运动物体的捕捉

　　EOS 60D的人工智能伺服自动对焦系统采用的是与EOS 7D同等优秀算法的人工智能伺服自动对焦Ⅱ代，对运动物体能够发挥出高精度且稳定的捕捉能力。在人工智能伺服自动对焦时，如对焦结果出现了不连续性的情况，相机会忽略瞬间的对焦结果对镜头进行驱动。此外，若主体偏离自动对焦点，相机会根据之前的对焦结果进行预测以追踪主体，从而实现高精度且稳定的对焦。因此，虽然对焦点不是很多，但在体育摄影中一样具有较高的合焦率。

4种实时对焦模式的选取

　　EOS 60D在实时显示拍摄模式下，共有实时模式、面部优先实时模式、快速模式以及手动对焦模式4种对焦模式可供选择。其中，在实时模式和面部优先实时模式下，我们按视频拍摄键，反光板会立即抬起，LCD上将出现取景画面。按快门键启动对焦时，相机依靠对比度检测方式对焦（类似DC的对焦方式）。实时模式允许用户全屏指定任意区域对焦，而且相机对焦时用户能够在LCD上看到焦点附近从模糊变清楚的过程。

　　在面部优先实时模式下，相机会检测出构图内被摄人物的面部，并自动将合焦位置锁定于面部（不拍摄人像时，面部优先实时模式和实时模式没有本质区别）。

　　当使用快速模式时，反光板抬起后相机并不对焦，半按快门后反光板放下，相机的相位检测对焦模块启动对焦（对焦的一瞬间，LCD上什么都看不到），对焦完成后按下快门即拍摄。

　　手动对焦模式不需要在菜单中选择，只要将相机设置为手动对焦模式，然后打开实时取景功能即可。比较有用的是，手动对焦时，我们可以将对焦的位置放大5倍或10倍显示，从而确保准确的合焦（装在脚架上用来拍静物时会很有用）。

实时模式

面部优先实时模式

快速模式

当有脚架支撑时，我们可以根据自己的需要，对画面分别放大5或10倍，然后进行精确的手动对焦。

手动对焦模式

⑤ 测光感应器和曝光

EOS 60D的测光和曝光系统继承了EOS 7D的设计，该机所装备的高精度63区双层测光感应器和±5级曝光补偿大大提高了测光和曝光的灵活性，因此在实际拍摄中能够比前作发挥得更出色。

高精度63区双层测光感应器

　　EOS 60D搭载了与EOS 7D相同的63区双层测光感应器。采用了iFCL智能综合测光系统，能够检测被摄体的色彩信息，以及与自动对焦系统进行高级信息交换并决定曝光（类似于尼康的3D矩阵彩色测光）。在实拍中，相机可以通过此系统对由于光源种类或被摄体色彩不同造成的曝光误差进行补偿，从而实现高精度且稳定的测光。此外，EOS 60D的测光模式采用了与前代机型相同的评价测光、局部测光、点测光（仅中央对焦点）、中央重点平均测光4种测光模式。

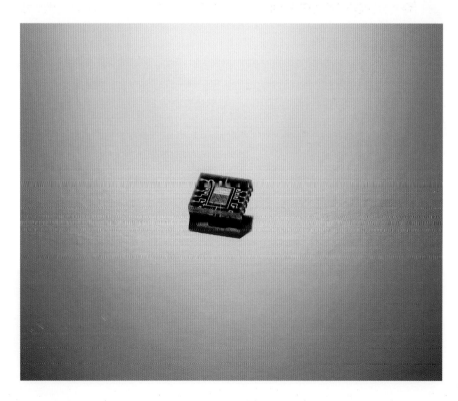

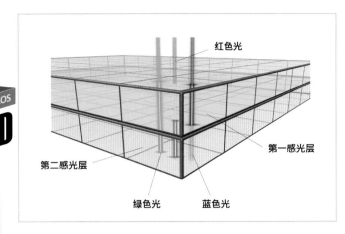

红色光

第一感光层

第二感光层

绿色光　　蓝色光

TIPS
色彩信息检测功能

一般情况下，测光感应器具有对红色光比较敏感的特性。因此，当红色被摄体占据大部分画面的时候，测光感应器会更加敏感，这样相机会认为场景与实际相比较明亮，于是对曝光进行负向补偿（结果会造成图像看上去曝光不足，色彩黯淡）。iFCL智能综合测光系统（i=智能，F=对焦信息，C=色彩信息，L=亮度信息）能够检测色彩信息，从而对由于被摄体色彩影响造成的测光误差进行补偿。所以即使是红色被摄体占据大部分画面，也能得到具有恰当亮度的图像。

自动包围曝光
带来较高的成功率

　　EOS 60D具有自动包围曝光（AEB）功能，能够以设置的曝光值为基准，连续拍摄3张具有不同亮度的图像，即所设置的基准值、正向补偿、负向补偿各1张（以基准值为标准能够在±3级范围内进行包围曝光，补偿值以1/3或1/2级为单位进行设置）。由于能够在不改变相机设置的情况下，得到具有不同曝光量的图像，因此，在对曝光准确度无法准确判断，但时间紧迫的情况下，可以提高拍摄的效率和成功率。

C.Fn I:曝光
包围曝光自动取消　◀ 4 ▶

0:启用
1:禁用

1234567
0000000

C.Fn I:曝光
包围曝光顺序　◀ 5 ▶

0:0, -, +
1:-, 0, +

1234567
0000000

在EOS 60D的自动包围曝光选项中，我们不但能够选择是否启用，还能选择包围曝光的顺序。

EOS 60D + EF 70-200mm f/2.8L USM，光圈: F2.8，快门: 1/125秒，感光度: ISO 400，白平衡: 日光

±5级曝光补偿大大提高曝光的灵活性

EOS 60D具有±5级的宽广曝光补偿范围，可以使图像呈现出极端的高调或低调。因此，可灵活运用于需要拍摄多张不同曝光量图像进行后期合成的表现手法（HDR）中，从而得到类似拓宽图像动态范围的图像效果。

从−5到＋5级曝光补偿的对比可以看出，有了这一宽广的曝光补偿能力，无论拍摄高动态合成图片还是为其他曝光模式进行补偿，用户都能得心应手了。

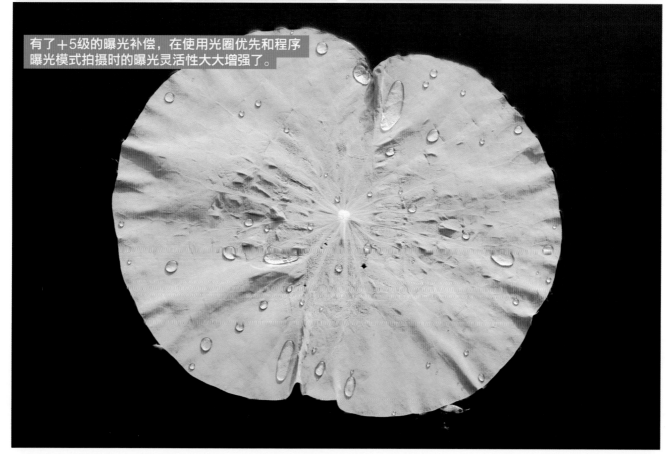

有了＋5级的曝光补偿，在使用光圈优先和程序曝光模式拍摄时的曝光灵活性大大增强了。

EOS 60D＋EF 70−200mm f/2.8L USM，光圈: F8，快门: 1/250秒，感光度: ISO 100，白平衡: 日光。

⑥ 全方位完善拍摄效果

为了保证用户对拍摄结果的满意度，EOS 60D在硬件和软件上都进行了一系列的改进。可以说，从DIGIC 4中央处理器到14位模数转换，从自动亮度优先到高光色调优先，从多种照片风格模式到8种预设白平衡，EOS 60D都为用户提供了有力的保证，使那些曾经难以驾驭的拍摄题材，也能轻松完成。

高效的DIGIC 4影像处理器

EOS 60D搭载了佳能自主开发的高性能数字影像处理器DIGIC 4，可对庞大的数据量进行高速且高度的处理。值得注意的是，由于其处理器相同，所以EOS 60D和EOS 550D及EOS 7D所拍摄的画面，在风格上有非常高的统一性，EOS 60D与更高级的EOS 7D相比，只有性能强弱之分，没有画质好坏区别。

14位模数转换带来16384色阶

EOS 60D的图像处理采用了14位模数转换方式，能够表现16384色阶，而与一般的12位模数转换（4096色阶）方式相比，理论上所拍摄画面具有高于后者约4倍的信息量。因此，能够很好地抑制高光溢出、暗部缺失及层次跳跃等。当然，这与相机的中央处理器及感光芯片技术、像素都有极大关系，所以不能说其就一定比12位模数转换的产品强，但在拍摄白云、夕阳或表现人物柔滑的肌肤等题材时，能够体现出比12位模数转换更大的优势。

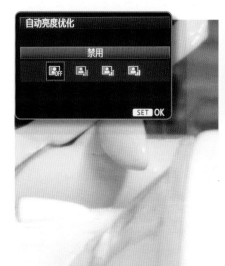

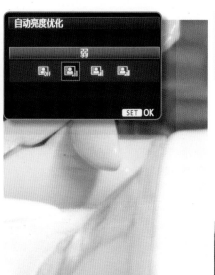

自动亮度优化
防止高光溢出

自动亮度优化是指在相机内部对所拍图像进行处理时，相机根据被摄体的亮度、对比度并综合画面整体的平衡，自动对亮度及对比度进行补偿的功能。在逆光人像摄影中，使用该功能能够在抑制背景及天空高光溢出的同时，使人物得到适当的曝光。

我们使用自动亮度优先功能，分别以禁用、弱、标准、强4种模式拍摄并截图，可以发现在使用该功能后，画面的对比度有所降低，但高光部分的细节会丰富起来。

比较有意思的是，当我们分别用这一功能的禁用和强模式，对同一画面拍摄时，尽管相机的其他设置完全相同（包括光圈、快门速度等），但两者在整体上区别明显——在打开这一功能时，EOS 60D希望通过提高暗部的细节提高图像画质。

高光色调优先的使用环境

高光色调优先能够通过扩大高光区域的动态范围，抑制高光溢出及展现丰富层次。在拍摄光线反射率较高，易出现高光溢出的白云、花朵、雪山以及身着白色服装的人物等题材时，能够获得良好的拍摄效果。当然，这一功能也会在一定程度上减少画面的对比度，使图片看起来略灰，所以并不是任何环境都适合使用（比如在拍摄已经严格控制现场光比，但需要高对比度的产品时，就没必要开启这一功能）。

从选择禁用和开启的对比图我们可以发现，这一功能确实可以抑制高光溢出的产生，展现画面丰富的层次。

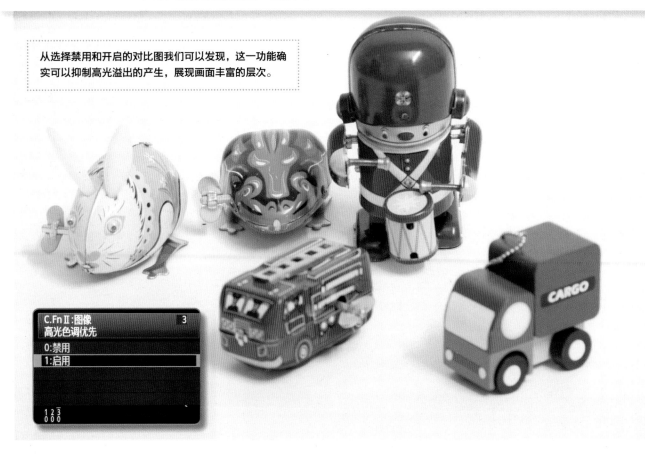

C.FnⅡ:图像
高ISO感光度降噪功能
0:标准
1:弱
2:强
3:禁用
1 2 3
0 0 0

在ISO 3200时，通过分别将高ISO感光度降噪功能设置为标准、弱、强、禁用所拍摄的图片局部对比，我们可以发现其对噪点减少作用明显，但细节的损失也相当严重。

ISO 3200

高ISO感光度降噪功能

由于像素的大幅增加，EOS 60D的高ISO降噪功能非常实用。我们知道，只要启用了高ISO感光度降噪功能，相机就会在任一ISO感光度下进行降噪处理。特别是在使用高ISO感光度进行拍摄时，效果尤为明显。因此，在昏暗且不能使用闪光灯的高ISO感光度的情况下摄影时，开启该功能可在一定程度上减少噪点。但需要注意的是，使用这一功能会在一定程度上损失画面的细节。

C.FnⅡ:图像
长时间曝光降噪功能
0:禁用
1:自动
2:启用
1 2 3
0 0 0

长时间曝光降噪功能

在采用长时间曝光拍摄时，由于噪点的增加会使图像看上去较粗糙。EOS 60D的长时间曝光降噪功能能够对曝光时间大于等于1秒的图像进行降噪处理，我们可根据自己的需要，灵活运用于夜景摄影中。使用这一功能，也会在一定程度上损失画面细节，不过从我们的实际拍摄效果来看，损失程度还在我们可接受的范围之内。

分别将长时间曝光降噪功能设为关闭、自动和开启时，在感光度ISO 400、曝光时间为10秒条件下，我们从局部对比发现，开启后暗部噪点确实有所减少。

关闭

自动

开启

周边光量校正功能有效抑制暗角

在使用广角镜头或标准变焦镜头的广角端进行拍摄时，由于光学特性上的原因，镜头周围部分的光量会有所下降，有可能造成拍摄图像的四周较暗，即所谓的暗角。EOS 60D能根据不同镜头的表现特性，对周边光量不足进行补偿。在出厂时，该机已预置了约25款镜头的周边光量校正数据。另外，我们还可以通过随机附带的软件进行注册——相机最多能够包含约40款原厂镜头的周边光量校正数据。

画质	RAW+⏋L
提示音	启用
未装存储卡释放快门	
图像确认	2秒
周边光量校正	
减轻红眼 开/关	禁用
闪光灯控制	

周边光量校正
安装的镜头
EF-S18-135mm f/3.5-5.6 IS

存在校正数据
校正
启动
关闭

在使用周边光量校正功能后，即使使用超广角，画面四角也不再有明显的暗角出现，从而减少了我们后期的工作量。

EOS 60D + EF-S 10-22mm F3.5-4.5 USM，光圈: F5.6，快门: 1/60秒，感光度: ISO 100，白平衡: 日光

8种预设白平衡模式

白平衡能够对不同光源造成的偏色现象进行准确的补偿。EOS 60D除具备能够在各种光源下使用的、通用性较强的自动白平衡模式外，还根据不同光源条件为用户准备了8种不同的预设白平衡。值得一提的是，该机搭载了可对已设置的白平衡进行调整的白平衡偏移功能，所以我们可以对每种预设白平衡进行详细的微调，并且还能够使用白平衡矫正功能。EOS 60D的白平衡包围曝光是以当前所设置白平衡的色温为基准，通过1次拍摄可得到3张具有不同色调的图像，从中可选择一张最好的照片。当通过1张照片很难得到想要的白平衡效果时（比如在特殊光源或复杂混合光源下等），这一功能就显示出明显优势。

白平衡
阴天
（约6000K）

SET OK

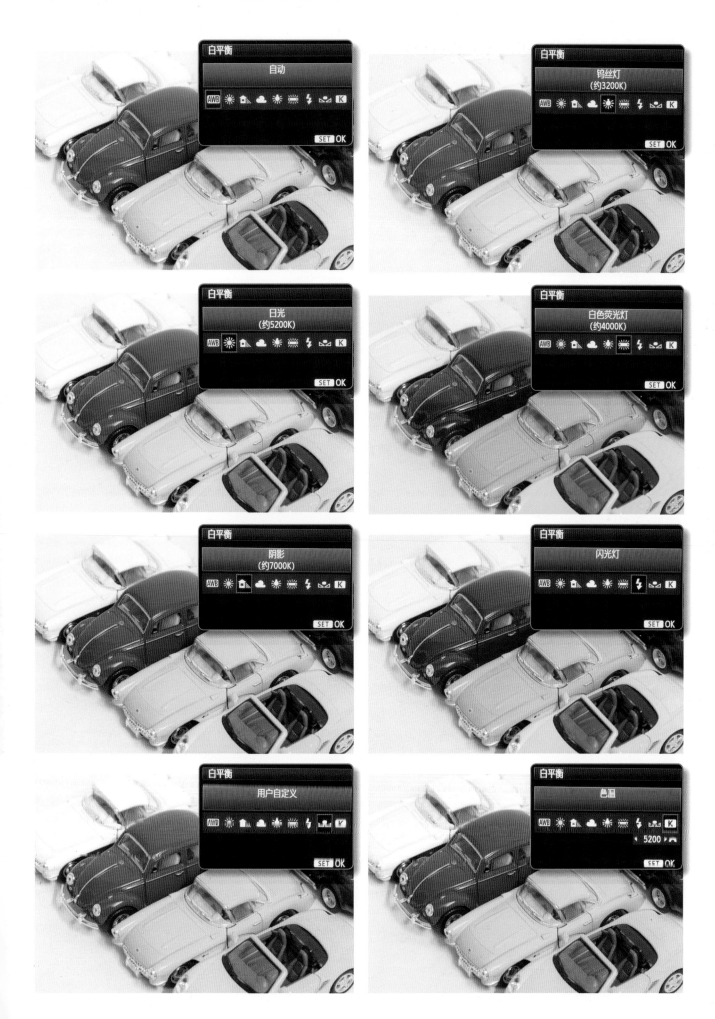

使用 自动白平衡 功能拍摄的画面

EOS 60D + EF 100mm f/2.8L IS USM MACRO，光圈: F8，快门: 1/2秒，感光度: ISO 200，白平衡: 自动

使用 白平衡偏移 功能拍摄的画面

EOS 60D + EF 100mm f/2.8L IS USM MACRO，光圈: F8，快门: 1/2秒，感光度: ISO 200，白平衡: 手动偏移

照片风格模式的选择

　　照片风格作为佳能独特的图像处理功能，能够让用户通过简单的操作即可获得自己想要的色彩及图像风格。EOS 60D内预设6种照片风格，并且可以分别对每种照片风格（单色除外）的锐度、反差、饱和度以及色调进行单独调整（单色风格可对锐度、反差、滤镜效果和色调效果进行调整）。此外，在佳能官方网站上还提供了预设内容之外的照片风格文件供用户下载，下载后可通过相机的附带软件注册到相机中。因此，在拍摄中我们通过简单的操作，就可获得自己所喜爱的色彩及图像效果。

7 取景系统和除尘系统

EOS 60D是佳能第一台可以旋转LCD屏幕的数码单反相机，玩转它的旋转屏和各类取景辅助功能，以及使用其综合除尘功能，可以为我们的拍摄带来更多的方便。

EOS 60D的可旋转LCD屏幕能够自由调整角度，从而使低角度拍摄和高角度拍摄变得轻松。

可进行精确构图的
约96%视野率的光学取景器

EOS 60D搭载了视野率约96%的光学取景器。由于其视野范围并非100%，因此，从取景器中看到的画面与实际拍摄图像的视野范围有所区别。在拍摄前，我们最好对画面有一定的预设。该机的取景器放大倍率约0.95倍（使用50mm镜头对无限远处对焦），所以通过取景器能够看到较大的影像，对细节确认有一定的帮助。

该取景器内的信息显示很全面，包括从曝光锁提示到ISO感光度值的主要数据。此外，相机取景器下方有红外检测窗口，拍摄时，当脸抵近取景器时，LCD会自动关闭，不但可以节约电能，还避免了对取景的影响。

EOS 60D的光学取景器的视野率约96%，放大倍率约0.95倍

EOS 60D采用的是五棱镜，因此，亮度上要超过使用五面镜的低端机。

96% EOS 60D实际拍摄的画面

EOS 60D取景器里能看到的画面 **100%**

虽然EOS 60D的取景范围达到了96%，但在实际使用中，被遮挡的部位还是比较明显，其与EOS 7D相比有一定差距。

可旋转LCD摆脱拍摄角度的限制

　　EOS 60D的背面液晶监视器采用了能够横向打开，并可纵向旋转以调整角度的可旋转机构。在实时显示拍摄时，可以将背面液晶监视器调整到便于确认图像的角度来进行拍摄（比如通过旋转LCD，实现低角度或高角度拍摄以及人像自拍等）。因此，具有不同以往的拍摄自由和乐趣。另外，因为可旋转LCD是横向打开，所以在使用三脚架支撑相机时，背面液晶监视器的转动不会受到下方云台的影响。而且，在相机底部安装电池盒兼手柄时，使用也很方便。

由于可旋转LCD为横向打开，所以在使用三脚架时不会妨碍操作。

在实际拍摄中，可旋转LCD起到了灵活构图及隐蔽拍摄的作用，使我们更能获得独特而自然的作品。

EOS 60D＋EF-S 18-135mm f/4-5.6 IS，光圈: F5.6，快门: 1/30秒，感光度: ISO 200，白平衡: 日光

在自拍时，可旋转LCD优势明显。

104万像素的3:2液晶监视器

随着实时显示、视频短片这样使用背面液晶监视器进行取景的拍摄机会不断增加，数码单反相机液晶监视器的品质也变得越发重要。与其他厂家的产品有所不同，EOS 60D采用了约104万像素、长宽比为3:2的3.0寸LCD，实际分辨率达720×480，视角为160°（由于数码单反相机所拍摄图像的长宽比均为3:2，因此，这一比例可以对拍摄图像进行全屏显示），这在目前的数码单反相机中处于比较高的水平，自然可以为拍摄和回放提供强有力的支持。

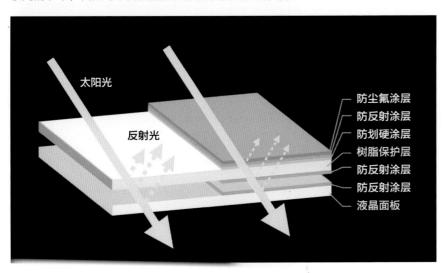

5层涂层确保了LCD可视性

EOS 60D的LCD表面上涂布了5层涂层。特别是防反射涂层，通过在液晶面板上施加1层以及树脂保护层2面各施加1层，共3层防反射涂层来降低反射光。在晴朗的屋外使用时我们可以发现，该LCD的光线反射得到有效抑制，确保了良好的可视性。

为了防止灰尘等污物的附着而施加的1层氟涂层和为了防止划伤而施加的1层硬涂层，可以更好地保护脆弱的LCD——5层涂层分别作用确保了EOS 60D清晰的画面显示（背面液晶监视器的亮度7级可调）和良好的使用性，EOS 60D液晶监视器的视角宽广，上下左右均为约160°。此外，低耗电的设计在实时显示拍摄和短片拍摄等长时间使用液晶监视器的场合下，可以发挥其优势。

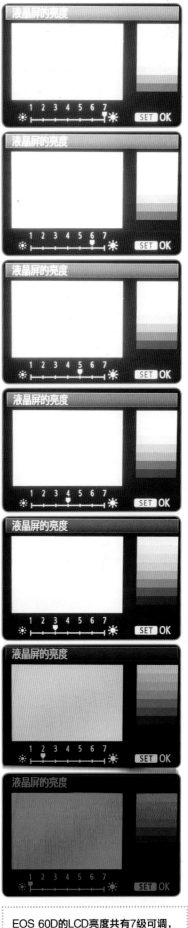

EOS 60D的LCD亮度共有7级可调，因此我们可以根据自己的喜好及电脑屏的亮度进行调节。

53

1:1

4:3

3:2

16:9

3:2

16:9

实时显示拍摄功能

　　利用EOS 60D的实时显示拍摄功能，可以对拍摄图像的长宽比进行选择可选择的长宽比共4种，除了3:2之外，还包括1:1、16:9和4:3。

　　在选定长宽比之后，相机背面液晶监视器上就会显示相应的拍摄范围（以线条分划出实际拍摄的范围）。当相机画质设置为JPEG时，相机会按照选定的长宽比记录所拍图像（画质设置为RAW时，其文件依然以3:2记录，但会将选定的长宽比信息添加到图像文件中，我们在后期可以通过EOS 60D附带的DPP图像编辑软件，按照选定的长宽比将RAW图像保存为JPEG格式）。

在平时拍摄中，改变画幅可以让图片更具个性，也更好玩。

电子水平仪确保稳定的构图

当我们拍摄大场景的风光却看不清楚地平线时，或是将笔直建筑物作为水平基准时，可以发挥EOS 60D电子水平仪的作用。

打开电子水平仪，相机的LCD上会以1°为单位，在360°范围内显示相机相对于水平的倾斜程度。在实时显示拍摄过程中和短片拍摄开始前，电子水平仪可以显示在LCD的拍摄画面上。此外，在水平持机拍摄时，通过设置自定义功能，也可利用取景器和机顶液晶显示屏，在±9°的范围内以1°为单位来确认相机的倾斜程度。

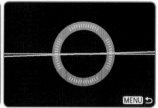

在不易确认相机是否处于水平位置的环境中，利用水平仪可以确保稳定的构图。

EOS综合除尘系统

EOS 60D使用的是EOS综合除尘系统，在从产生到去除的整个环节上，能够综合解决附着在图像感应器前端低通滤镜上的灰尘被拍入画面的问题。具体来说，该相机内部使用了不易产生灰尘的材料，对于附着的灰尘则通过感应器自清洁单元振落。对于即使这样仍被拍入画面的灰尘，则可以利用预先取得的除尘数据，通过附带的DPP软件进行自动处理。

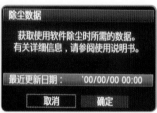

最终图像模拟功能

EOS 60D搭载了最终图像模拟功能，在使用实时取景模式时，可在快门释放前对当前设置的图像效果进行模拟。此时，图片的曝光、景深、白平衡、照片风格、自动亮度优化、周边光量校正、高光色调优先等效果均会显示在画面中，因此，可以让我们不用回放也清楚所拍画面的效果。

EOS 60D + EF-S 10-22mm F3.5-4.5 USM，光圈：F5.6，快门：1/60秒，感光度：ISO 100，白平衡：日光

8 基本拍摄区模式及机内图像处理

与之前的产品不同，佳能为EOS 60D搭载了创意滤镜功能，能够获得如同使用特殊滤镜般的图像效果。另外，EOS 60D还搭载了相机内RAW图像处理功能和图像评分等功能，形成了一部有别于其他产品的可玩度很高的数码单反相机。

基本拍摄区模式让您尽情发挥创造力

利用EOS 60D基本拍摄区模式下的"基本+"（创意表现），可通过选择与期望拍摄效果相近的表述，轻松完成拍摄设置。随基本拍摄区模式的不同，可应用的"基本+"（创意表现）功能也不同，包括"按选择的氛围效果拍摄"和"根据照明或场景类型拍摄"两种设置模式。在"按选择的氛围效果拍摄"模式中可选择"鲜明"、"柔和"等易于联想的表述，选定后相机会自动设置符合该词语表述的照片风格、曝光补偿以及白平衡等。而选择"根据照明或场景类型拍摄"项下"日光"、"日落"等易于理解的表述后，相机会根据所选表述设置相应的白平衡。利用"基本+"（创意表现），即便是初学者，也能根据自己的表现意图对相机进行设置。

使用"根据照明或场景类型拍摄"中的"日落"选项，不用再考虑白平衡或其他设置，很容易就还原了夕阳下的现实场景。

EOS 60D + EF-S 18-135mm f/4-5.6 IS，光圈: F8，快门: 1/30秒，感光度: ISO 200，白平衡: 日光

创意滤镜功能感受不同的创意风格

EOS 60D可以利用创意滤镜对拍摄后的图像（S-RAW与M-RAW除外）添加如同使用特殊滤镜的效果。该机共搭载有4种创意滤镜效果（除微缩景观效果为无极调节外，颗粒黑白效果和柔焦效果又可分别选择弱、标准、强三种设置，而玩具相机效果则有三种色调可供选择），其中，颗粒黑白效果可将图像变为充满颗粒感的单色图像；柔焦效果能够在保持合焦位置清晰的同时柔化图像的轮廓；而玩具相机效果可以表现出LOMO的特点，在降低画面四周光量的同时让图像色调发生变化；微缩景观效果则可以拍出微缩模型的视觉效果。在使用创意滤镜功能后，相机会降修改后的画面另存为新图像，因此，我们可以体验到同一作品转变为不同感觉的乐趣。

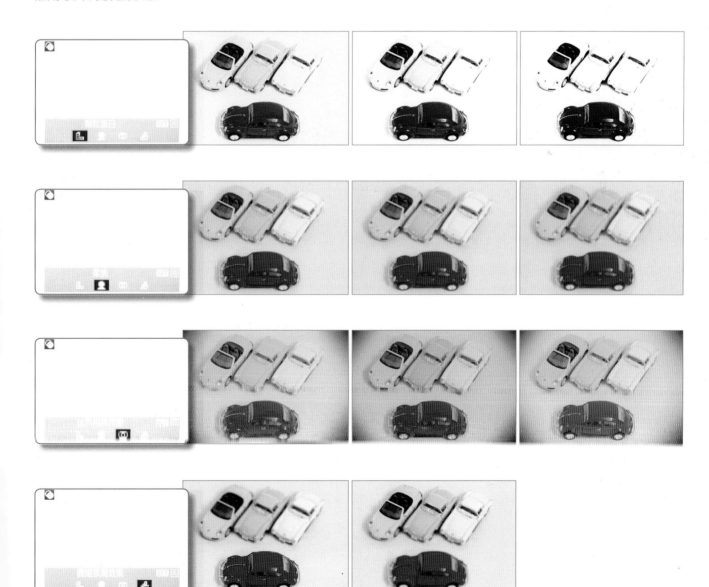

玩具相机

移轴（微缩景观）

调整图像尺寸省去后期软件的压缩剪裁

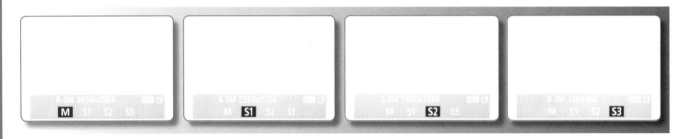

　　虽然最高像素为1800万，但为了满足不同用户对图片尺寸的要求（比如用户是淘宝店主，需要将一组刚拍摄的作品转出一组小尺寸图片上传到网店，或我们为自己的博客、网络相册添加小尺寸的图片），可以根据不同的用途，在相机中将JPEG图像缩小为M、S1、S2、S3四种记录画质。当尺寸被调整后，相机会将图像另存为新的图像文件。

调整图像尺寸功能的四种记录画质

原始图像尺寸	可用的调整尺寸设置			
	M	S1	S2	S3
L	○	○	○	○
M		○	○	○
S1			○	○
S2				○
S3				

使用机内RAW图像处理功能，无需使用计算机，对拍摄的RAW图像进行显像，并保存为JPEG图像。

机内RAW图像处理功能
使格式转换不再繁琐

　　EOS 60D搭载了相机内RAW图像处理功能，利用相机即可将RAW图像转换为JPEG图像。此外，我们无需使用计算机，就能对亮度、白平衡、照片风格等进行调整。因此，在进行拍摄时，用户在选择RAW格式后，可以专注于确认对焦和构图，待拍摄完成后便不必依赖于计算机当场即可对图像进行各种调整。

使用机内RAW图像处理功能，很轻松地对图片白平衡、照片风格和亮度等进行了调整，一张合格的图片就此诞生！

原片

调整后的图片

EOS 60D + EF 100mm f/2.8L IS USM MACRO，光圈: F4，快门: 1/60秒，感光度: ISO 200，白平衡: 自动

5级图像评分功能给自己的照片分级

EOS 60D能够以5个级别对拍摄图像进行标记评分，并根据不同评分标记进行回放（跳转显示）和幻灯片播放。因此，实现了快捷的图像检索和管理。另外，当我们利用DPP或ZoomBrowser EX等相机附带的软件选择图像时，也可以按此评分标记来显示图像，从而更容易查找到喜欢的图片。

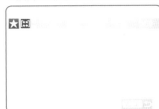

EOS 60D搭载的评分功能，使大量而繁杂的图片管理变得轻松起来。

9 高清短片拍摄

从目前市场上的产品来看，虽然EOS 60D的短片拍摄参数与之前的EOS 550D相同，但肯定是佳能短片拍摄能力最强的单反产品，这主要得益于它可旋转的大尺寸高像素LCD，以及中端机更好的操作性能！

大尺寸的CMOS图像感应器

　　与EOS 550D一样，EOS 60D短片拍摄所使用的是22.3mm×14.9mm的APS-C规格图像感应器。熟悉电影拍摄设备的人都知道，纵走的35mm电影胶片有多种规格，比如同是记录影像和声音的电影胶片约22mm×16mm，16mm电影胶片的画面尺寸为14mm×10mm。相比之下，EOS 60D的大型图像感应器，显然能够带来更为虚化的影像效果。除了画幅上的优势，相机大口径镜头群也是个有力的支撑。使用EOS 60D时，利用EF镜头群中的明亮大光圈镜头，可以获得前所未有的虚化效果。

EOS 60D配合50mm f/1.4拍摄短片时可以得到非凡的虚化效果。

专业摄像机同焦段拍摄的短片虚化效果。

约30帧/秒全高清短片拍摄

我们知道，短片的记录质量取决于能够以多高的清晰度进行记录的短片记录尺寸以及与帧频的组合。帧频（fps）是指1秒钟内拍摄（回放）的静止图像张数。帧频越高，拍摄（回放）时被摄体的运动就越平滑。

EOS 60D的短片记录尺寸包括全高清（分辨率1920×1080）、高清（分辨率1280×720）和标清（分辨率640×480）3种。帧频在全高清、高清和标清下分别为每秒约30/25帧（NTSC/PAL制式）、每秒约60/50帧（NTSC/PAL制式）以及每秒60/50帧（NTSC/PAL制式），不但选择性非常大，而且与EOS 550D一样，实现了最高约30帧/秒（NTSC制式）的全高清短片拍摄能力。所以即使使用全高清拍摄也可实现高精细的平滑影像表现，这得益于能

够4通道高速读取数据的新型CMOS图像感应器以及高性能的DIGIC 4影像处理器，大大拓展了短片表现水准。

高清
分辨率1280×720

标清
分辨率640×480

1920x1080 30帧/秒

在不同制式（PAL/NTSC）下的可选帧频

记录画质	PAL	NTSC
全高清 （分辨率1920×1080）	约24/25帧/秒	约24/30帧/秒
高清 （分辨率1280×720）	约50帧/秒	约60帧/秒
标清 （分辨率640×480）	约50帧/秒	约60帧/秒

全高清
分辨率1920×1080

1920x1080 25帧/秒

短片记录尺寸 ▶1920x1080 25
1920x1080 24
1280x720 50
640x480 50
裁切648 50

注：30帧/秒实际为29.97帧/秒、25帧/秒实际为25.00帧/秒、24帧/秒实际为23.976帧/秒、60帧/秒实际为59.94帧/秒、50帧/秒实际为50.00帧/秒。

7倍数码增距短片裁切功能

EOS 60D搭载的约7倍数码增距短片裁切功能是指将短片拍摄时的局部影像截取出来，并以标清画质（分辨率为640×480，NTSC/PAL制式分别为60帧/秒和50帧/秒）进行记录的功能。这样就可以得到镜头有效焦距约7倍的远摄效果（该功能在之前的EOS 550D中首次采用）。

其实，7倍数码增距短片裁切功能与数码变焦原理基本相同，能够将被摄体放大拍摄。数码变焦虽然在静止图片拍摄中已经不再被大家所采用，但在短片拍摄中，由于安装标准镜头时，也能够得到与使用远摄镜头近似的效果（比如使用50mm的标准镜头，通过此功能拍摄，就可以得到相当于135相机560mm焦距的远摄效果）。所以，在拍摄野生动物等不能轻易接近的主体时，可以帮助我们获得宝贵的图像（很多时候，短片拍摄对画质的要求没有照

片高，能够拍摄到画面最为关键）——如果购买一支18mm~200mm的镜头，使用200mm的焦段拍摄，等效焦距达到2240mm。

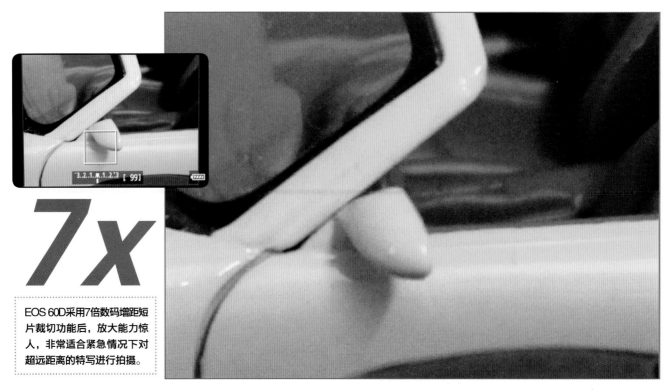

7x

EOS 60D采用7倍数码增距短片裁切功能后，放大能力惊人，非常适合紧急情况下对超远距离的特写进行拍摄。

短片曝光	自动
自动对焦模式	℃实时模式
短片拍摄时使用快门按钮自动对焦	
🎥用自动对焦和测光按钮	
🎥ISO感光度设置增量	
🎥高光色调优先	

短片记录尺寸	1920x1080 🔲25
录音	自动
静音拍摄	模式1
测光定时器	16秒
显示网格线	禁用

曝光补偿	-2..1..0..1..2..3.4
自动亮度优化	
照片风格	标准
白平衡	AWB
自定义白平衡	

短片拍摄专用菜单

　　与竞争对手的产品不同，EOS 60D在短片拍摄上进行了非常精细而专业的设计，其搭载了能够在短片拍摄时迅速变更各功能的短片拍摄专用菜单。当模式转盘设置为短片模式时，可以按下菜单按钮调出菜单，在短片拍摄时进行变更。

　　通过这一专用菜单，我们可以轻松地找出希望进行设置的短片拍摄功能。比如，随着短片拍摄功能的充实，佳能在EOS 60D的短片菜单中增加了"短片拍摄时自动对焦"、"快门键/自动曝光锁定按钮"和"短片曝光"等项目。此外，为了能够进行详细的短片拍摄设置，短片拍摄菜单的选项卡也变成了3个（之前的EOS 550D只有2个短片拍摄菜单选项卡），所以实际使用中非常方便。

> 通过EOS 60D短片拍摄菜单的选项卡，我们可以迅速地对"短片曝光"、"自动对焦模式"以及"短片记录尺寸"等短片拍摄时的各种常用功能进行变更。

对短片效果进行最终图像模拟

　　与实时显示拍摄相同，EOS 60D在短片拍摄时，也能使用最终图像模拟功能对拍摄后的短片效果进行模拟。有了这一功能，我们就可以在拍摄前对白平衡、照片风格、曝光、自动亮度优化以及高光色调优先等各种设置所带来的不同效果进行确认，以便拍摄一次成功。

高光色调优先和自动亮度优先保证画面层次

利用EOS 60D进行短片拍摄时，与拍摄静止图像相同，可通过启用高光色调优先功能抑制高光溢出得到丰富的画面层次（比如在拍摄白色浮云和湛蓝的晴空，或穿着白色衣服站在深色背景下的人像时，由于画面亮度色差较大，使用此功能就可得到较好的效果）。此外，如能够灵活运用自动亮度优化功能，不但能够抑制高光溢出，还能够对画面中昏暗部的亮度起到调节作用。即使是拍摄逆光人像，人物的面部也更易得到准确的曝光。

关闭高光色调优和自动亮度优先的效果

使用高光色调优和自动亮度优先的效果

高光色调优先		
禁用		
启用		

曝光补偿	-2..1..0..1..2..3.+4
自动亮度优化	
照片风格	标准
白平衡	AWB
自定义白平衡	

手动曝光优化短片效果

EOS 60D是两位编号EOS数码单反相机中首款搭载短片拍摄功能的产品，也是一步到位直接实现了手动曝光拍摄功能的机型。在短片模式下，EOS 60D具有自动曝光和手动曝光两种曝光模式。在采用手动曝光模式时，用户可以自由设置光圈值、快门速度以及ISO感光度。因此，即使是自动曝光较困难的白色或黑色被摄体，也能够按照拍摄意图进行曝光。相机不会自动根据被摄体的亮度变化进行曝光补偿，但它能够有意识地表现高调或低调效果，或稳定地表现夕阳等亮度随时间流逝而发生变化的场景。另外，通过固定曝光设置，在上下左右摇动相机的时候，能够得到稳定的曝光（相机不会如自动曝光时一样，由于环境的细微变化而改变曝光）。

此外，若将短片曝光模式设置为"自动"，EOS 60D可以在±3级的范围内进行曝光补偿，所以也能根据用户意图得到高调或低调的短片表现效果。

使用ISO 6400的高感光度拍摄短片

与EOS 550D一样，EOS 60D通过能够抑制噪点产生的技术，可以在最高ISO 6400的高感光度下进行短片拍摄（事实上，EOS 60D在使用最高ISO 6400的感光度进行短片拍摄时，得到的影像噪点也相对较少）。因此，即使是在昏暗的室内或夜晚等光量较少的场景下也能很好地进行短片拍摄。如果我们使用大光圈定焦镜头，拍摄场景将进一步扩展。

短片快门速度的范围选择

EOS 60D在短片拍摄时能够设置的快门速度最高为1/8000秒（高于EOS 550D的1/4000秒）；最低快门速度受到帧频的制约，在每秒约30/25帧时为1/30秒，在每秒约60/50帧时为1/60秒。短片拍摄中快门速度的设置对曝光控制和短片效果有着重要影响。比如，使用大光圈拍摄虚化效果良好的短片时，可通过提高快门速度来保证准确曝光。不仅如此，改变快门速度，会使短片表现发生变化。因此，即使是相同被摄体也能得到不同的表现效果。

人像曝光调整功能

在拍摄人物时，相机能够识别人物面部并对其进行测光。

在短片拍摄时，如将自动对焦模式设置为面部优先实时模式，即使使用手动曝光模式，相机也能对人物面部进行识别，并与自动对焦框联动对曝光进行控制。由于不会受到背景亮度的干扰，因此，不但能减小周围亮度以及衣服色彩等的影响，还可使人物面部更易得到准确的曝光，特别是在逆光条件下拍摄更能够发挥其优势。

拍摄短片时记录静止图像

使用EOS 60D拍摄短片时，只要按下快门按钮就可以记录静止图像。在短片拍摄中进行静止图像拍摄，播放短片时，会有约1秒钟显示为静止图像。静止图像将以与短片相同的长宽比进行记录（16：9），因此，在回放至短片影像与静止图像交替的场景时，不会在画面中出现长宽比突然变换的现象，从而保证了被摄体影像不会发生变化。

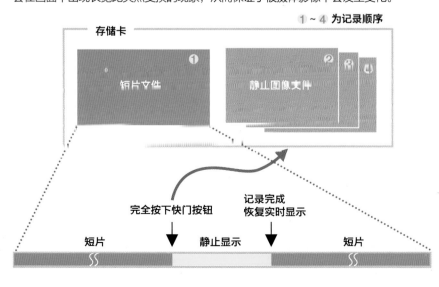

① ~ ④ 为记录顺序

存储卡

短片文件 ①

静止图像文件 ② ③ ④

完全按下快门按钮

记录完成恢复实时显示

短片　静止显示　短片

4:3

16:9

虽然是同一场景，但我们可以发现，直接拍摄的静止画面的长宽比为4：3，而短片拍摄中所拍摄的静止画面的长宽比为16：9。

短片拍摄中灵活运用的附件

EOS 60D可以在短片拍摄中灵活运用佳能丰富的镜头群以及外接立体声麦克风等附件，从而拍摄出高品质影像。比如我们可以在短片拍摄时使用佳能60款以上不同种类的EF镜头，从超广角到超远摄各种焦段进行短片拍摄，这一点连许多专业摄像机都无法做到。

简单的短片编辑功能

EOS 60D搭载了机内对拍摄的短片进行简单编辑的短片编辑功能。它能够以1秒为单位对短片的首尾部分进行剪裁。由于可以在拍摄现场对不要的场景进行剪辑，从而节省了拍摄后使用计算机进行正式编辑时的时间。比较人性化的是，编辑后的短片可以选择作为新文件保存或覆盖保存。另外，我们还可以使用EOS 60D附带的ZoomBrowser EX对短片进行编辑，并可以将多个短片拼接在一起，最终完成自己的作品。

外接立体声麦克风

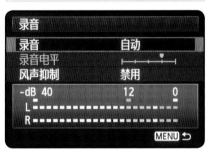

EOS 60D具有强大的录音功能，可录制充满临场感的立体声。

EOS 60D在视频拍摄时支持外接麦克风录制双声道立体声，具有强大的录音功能。通过连接市面出售的3.5mm迷你立体声插头的外接麦克风，便可录制充满临场感的立体声。此外，录音电平可进行手动64级调节。不仅如此，EOS 60D还新增了能够降低风声的风声抑制功能，可拍摄具有良好音质的短片。

森海塞尔EW100ENG G2专业摄像机麦克风

10 扩展功能及附件

购买一台相机，其扩展性将关系着我们今后的一系列使用。作为佳能的中端产品，EOS 60D在扩展能力上相对前作大为增强，因此，在使用中可以为用户减少不少的烦恼！

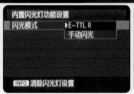

别看内闪很小，但其功能相当强大，我们可以根据自己的需要，对其进行各种调节。

内闪覆盖约17mm镜头焦段

EOS 60D的内置闪光灯的闪光指数为13（感光度为ISO 100情况下，以米为单位）。闪光光线能够覆盖约17mm镜头焦距，但是，由于佳能APS-C画幅的转换倍率为1.6，所以换算为35mm规格镜头焦距也只有约28mm，与其他品牌的同类产品处于同一水平。该机的闪光曝光补偿可以在±3级的范围内进行调节。手动闪光时的闪光量，可在全功率至1/128功率范围内以1/3级为单位进行调节，所以还是非常方便的。

由于EOS 60D的内闪具有不错的智能及手动控制能力，所以为内闪购买一组便宜实用的内闪柔光罩非常重要。在许多环境中，我们可以采用这一组合拍摄出理想的图片。

未使用内闪

使用内闪补光

利用无线闪光，我们即使只有一支外接闪光灯，在拍摄中也可以自由地无拘的为主体进行补光。

EOS 60D + EF 70-200mm f/2.8L USM，光圈: F4，快门: 1/250秒，感光度: ISO 100，白平衡: 自动

内闪支持
无线引闪

在EOS 7D之前，佳能没有一款相机的内闪支持无线闪光功能，在骂声一片中，EOS 7D首次装备了这一武器，并迅速得到了用户的好评。EOS 60D是佳能第一款具有内闪无线闪光功能的中端产品，其可以无线控制具备从属功能的原厂闪光灯（580EX II、430EX II等），所以我们手里即使只有一支佳能新款中高端闪光灯，也可以轻松地进行离机闪光了。除了对单灯的无线支持外，EOS 60D可以将多个闪光灯分为A、B两组，每组分别以不同的光量进行无线闪光（类似于尼康的创意闪光系统），所以进行多灯离机创作，也比过去方便了许多！

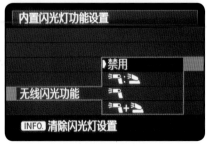

EOS 60D可以对外接闪灯和无线闪光进行多种设定，因此相比前作，这方面的实用性确有较大进步。

无线离机闪光拍摄

大容量SDXC规格的SD存储卡

　　EOS 60D采用了SD存储卡作为其记录媒体，由于目前SD卡的普及率已经非常高，技术发展也十分迅速，所以这一决定非常符合市场潮流。EOS 60D是佳能继EOS 550D之后，又一款支持大容量SDXC卡的产品。我们知道，相对于SDHC最大32GB的存储容量，SDXC存储卡的最大容量可达2TB（约2048GB）。因此，即使使用（RAW＋JPEG）画质进行静止图像拍摄或长时间短片拍摄，也不必担心存储卡是否还有足够的剩余空间，这会将我们从存储的束缚中真正解脱出来，以专心于拍摄。

自然光拍摄

内闪拍摄

使用小尺寸的SD卡有利于减小相机体积。

LP-E6大容量电池

EOS 60D采用了与EOS 5D Mark II及EOS 7D同样的大容量锂电池LP-E6（标称1800mAh），完全充电后能够拍摄约1100张照片（充满电的LP-E6电池在23℃时，50%使用闪光灯拍摄，无实时显示拍摄及CIPA测试标准）。在实际拍摄中，我们用单块电池连续拍摄了约600张照片，仍有50%的剩余电量（只回放，未用内置闪光灯）。因此，EOS 60D的续航能力还是十分优异的。在设计上，EOS 60D的剩余电量、快门释放次数以及充电性能等可通过相机背面的液晶监视器进行确认，所以用户可以全程了解自己手中机器的续航状况。

电池信息	INFO. 🔘
🔲 LP-E6	
剩余电量	🔋🔋🔋🔋 85%
快门释放次数	31
充电性能	■■■
	MENU ↩

轻松拍全家福的遥控器

EOS 60D可以使用RC-6、RC-1以及RC-5三款遥控器进行遥控拍摄，它们均具备在按下快门按钮约2秒后拍摄的"2秒定时释放快门"功能，可以拍摄包括拍摄者本人在内的集体纪念照等。此外，RC-1及其升级产品RC-6还具备在按下快门按钮时就立即拍摄的"立即释放快门"功能。在短片拍摄模式下，可控制短片的录制（也可在相机正前方约5m范围内进行遥控）。

RC-6

RC-5

RC-1

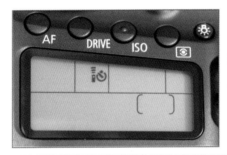

只要我们按下相机的DRIVE键，再拨主拨盘，就可以转到"2秒定时释放快门"或"立即释放快门"选项上。

电池盒兼手柄

BG-E9是佳能为EOS 60D开发的电池盒兼手柄。该手柄能够容纳两块LP-E6锂电池，显然，安装两块电池时，相机的电池续航能力将提高到约2倍，对于长时间的拍摄非常有利。

BG-E9可以通过电池夹使用6节5号电池。此外，其具备竖拍手柄快门按钮及各种操作按钮，所以在纵向拍摄时，能够得到与横向拍摄同样的操作感，这对于那些喜欢进行人像拍摄的用户相当有用。

将相机电池仓盖打开，可以看到连接手柄用的电子触点，取下电池盖后就可以装入BG-E9手柄。

兼容3种对焦屏

当装上对焦屏后我们可以在菜单中选择相应的选项，相机就可以自动匹配。

在对焦屏方面，EOS 60D的标准配备是一块颗粒感小、通透感好的标准精度磨砂对焦屏Ef-A。但是，作为中端产品，该机还可以更换具有网格线的网格线精度磨砂对焦屏Ef-D（需另购），或当使用最大光圈超过F2.8的镜头进行手动对焦时，便于确认合焦位置的超精度磨砂对焦屏Ef-S（需另购）。

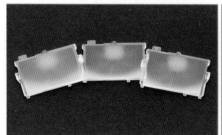

多功能端子 使传输更简单

EOS 60D搭载了支持视频/音频输出以及数码输入输出的多功能端子，可与外部设备连接进行数据传输。视频/音频输出需要使用支持立体声的立体声视频连接线AVC-DC400ST；数码输入输出则需使用USB接口连接线，两者均是EOS 60D的附带配件。

EOS 60D机身的AV OUT接口。

机身上的HDMI接口，通过另购的HDMI数据线，可将相机与高清电视相连，在电视上回放存储卡中的照片。

可添加作者信息和版权信息

近年来，数码图片的盗用和维权问题越来越严重，为了防止所拍图片被第三方不正当使用，EOS 60D可在拍摄的图片中添加作者信息和版权信息。在使用这一功能时，我们只要在菜单中预先输入，相机在拍摄后会将版权信息以Exif数据的形式添加到图像文件中。在需要时，我们可通过支持Exif规格的软件，对所输入的作者信息和版权信息进行确认（通过EOS 60D附带的佳能原厂软件Digital Photo Professional也能进行确认）。

支持HDMI-CEC规格与电视一体

EOS 60D支持HDMI-CEC规格。用户可以使用HDMI连接线HTC-100（另售）将相机连接到兼容HDMI-CEC的电视机上，然后通过电视遥控器对EOS 60D的影像回放进行远距离操作。所谓的HDMI-CEC规格，是指将控制信号通过HDMI连接线进行传输，从而使各设备相连接，实现通用操作为可能的业界规格。该规格下可实现多台影音设备的通用操作。EOS 60D可通过电视遥控器显示9张静止图像索引、播放幻灯片、显示拍摄信息、旋转图像以及回放短片等操作。

在连接前，我们要先在菜单中开启HDMI控制。

原始数据校验系统 保证图像安全

为防止第三方对图像的未授权浏览以及修改，EOS 60D拥有高级的安全防御系统。与之前的EOS 550D等产品一样，该机在自定义功能中可以启用增加图像校验数据功能，并使用原始数据安全套装OSK-E3（另售），对图像有否改动进行确认。另外，通过OSK-E3还能实现图像的加密处理，这一功能虽然不是每个人都需要用到，但确实强大。

Part 4 | Canon EOS 60D与50D的对比

EOS 60D是在一片争议声中发布的，由于此前的EOS 50D市场表现平淡，许多等待着从EOS ×××D升级到EOS ××D的用户对EOS 60D有着无限的期待，但是，塑料机身和更低的连拍速度再次让部分消费者失望，于是网上哀声一片。其实，如果理性看待EOS 60D相对于EOS 50D的改变，我们会发现两者间并不是许多人想的那么不堪！

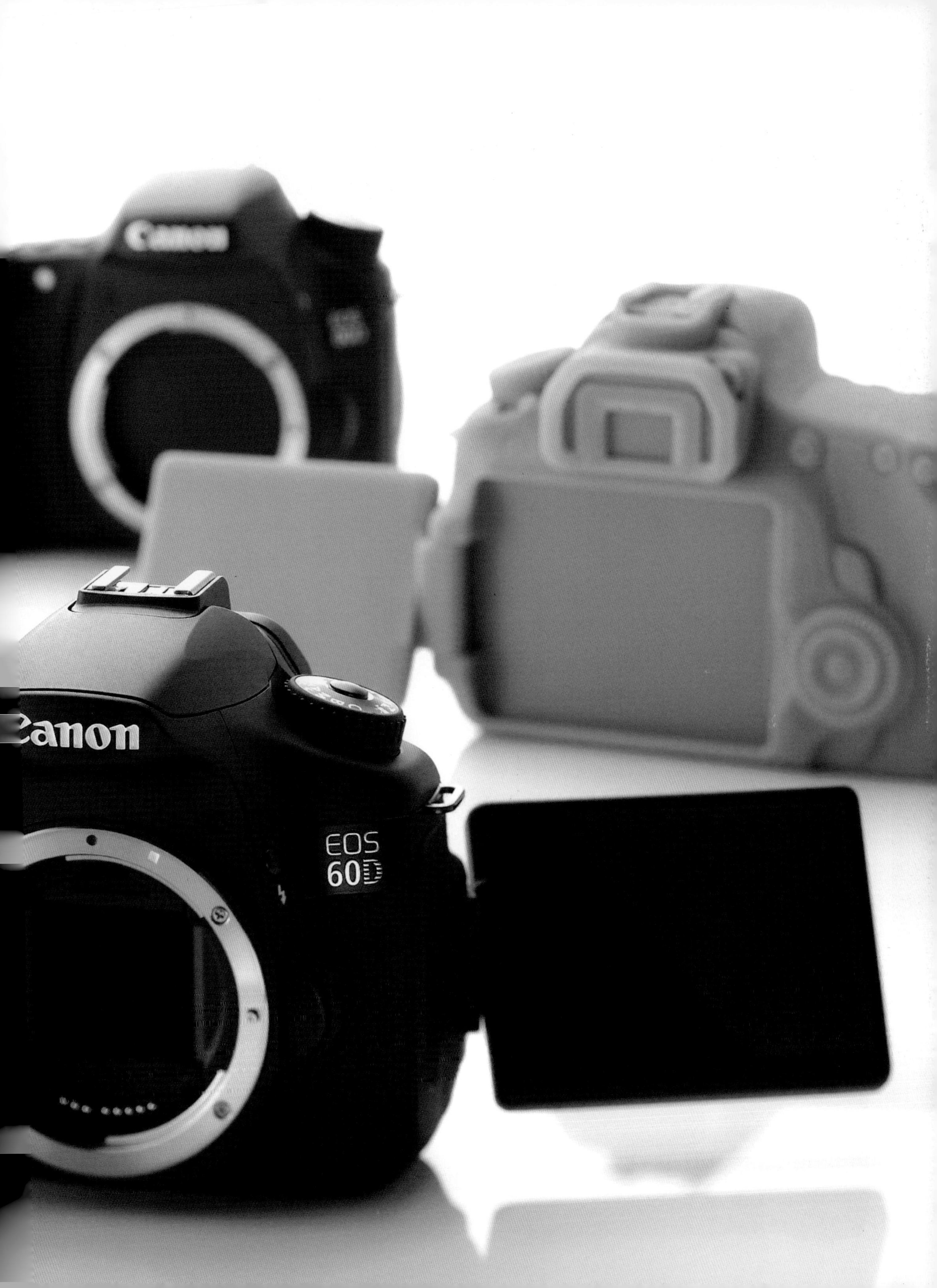
Canon
EOS
60D

1 外观变化

　　由于EOS 60D本质上属于一款新定位的产品，所以相对于EOS 50D，该机的外观和材料变化非常大。操作上，为了适应旋转LCD的需要，也为了新增高清功能的发力，该机相对于EOS 50D进行了全面的改进。所以，从某种意义上讲，EOS 60D在外观上和EOS 50D确实有天壤之别。

EOS 60D

EOS 50D

外形变化

如果说EOS 50D身上依然看得见佳能胶片相机的影子（佳能EOS××D是以胶片时代的EOS 30为蓝本进化而成），那么EOS 60D给人的第一印象要数码得多。相比硬朗的EOS 50D，EOS 60D的整机更为圆润，无论按键或拨盘的设计都更为时尚和"Q"。加之其可以旋转的LCD，首先给人一种数码时代的相机之感。

体积变化

与EOS 50D的金属机身不同，EOS 60D采用了塑料机身，由此重量减轻了8%，便携性得到了提升（EOS 60D的机身总重675g，EOS 50D为730g）。该机144.5mm×105.8mm×78.6mm的外观尺寸和EOS 50D基本相当（EOS 50D为145.5mm×107.8mm×73.5mm），但通过整改式的设计，给人的视觉效果却是比EOS 50D要小一圈，手柄大小也更适合女性用户使用（由于从金属改为塑料机身，握持手感上也有所变化）。这系列外观上的改变有点像曾经"男人的EOS 20D、女人的EOS 350D"，显然，佳能需要非常清晰的区分EOS 7D和EOS 60D，让人见其的第一眼就和EOS 7D有明显的档次差异。

EOS 60D

EOS 50D

布局变化

　　由于EOS 50D背部的按键布局是典型的妥协造成的失败案例（在机身宽度不足的情况下，为了3英寸LCD的布置，不得不将之前产品中一直设在机背左边的几个按键，移到了LCD的底部，从而造成操作性严重下降），而后的EOS 5D Mark II和EOS 7D通过加大机身，保持了按键靠左的传统。EOS 60D则吸取了这一教训，借鉴比较成功的EOS 550D的机背设计，将机背的主要操作按钮移到了机身右侧，靠右手就可以操作。同时，该机的按键也经过重新设计，不再是EOS 50D那样的圆形，但新按键的手感不是很好，按着有点费劲。总的来说，其操作布局虽然比

EOS 50D要好一点，但也意味着佳能未来的EOS ××D机背操作区都可能向更低一级产品靠齐。

　　除了合并和调整各小按键的位置，EOS 60D相对于EOS 50D机背最大的变化是取消了非常方便的操作拨杆（这也是许多用户感觉EOS 60D档次下降的原因之一），并把一直以来放在右下角的电源开关移到了左肩上（和EOS 7D统一）。

　　EOS 60D左肩的模式转盘不再像EOS 50D那样，上方加银色饰块，而是以更Q的设计示人。该机右肩的5个按钮在功能上与EOS 50D相差不大，只是顺序上做了新的排列。由于高度上平行于机身，所以在戴上手套后操作起来颇为不便（EOS 50D的按键虽也很小，但突出较多，所以无此问题）。

② 功能改进

在功能改进上，EOS 60D相对于EOS 50D也下力不少。由于高清和旋转LCD的增设，该机的性能比EOS 50D有了很大提高。但同时出于定位的需要，其部分性能也被故意拉低，所以相对于EOS 50D并不是全面超越。

液晶屏改进

就中端数码单反相机来说，升级液晶屏像素，使之可以支持高清视频拍摄，早已成为一种潮流和趋势。EOS 50D的92万像素液晶屏是目前数码单反相机的标准配置，在性能上并无半点落后，EOS 60D不仅将液晶屏的长宽比由4：3更换为3：2（与之前的EOS 550D一样），而且像素也升级到104万。应该说，如果单是像素增加12万，我们并不会有任何的惊讶，改进屏幕尺寸也只是在回放图片时占有优势（相比4：3的显示屏，3：2正是数码单反照片的尺寸，因此浏览时不会如过去那样浪费LCD的边角）。但最重要的是，EOS 60D的这块LCD属于铰接式可旋转屏，如果配合实时取景或高清短片模式，实用价值是EOS 50D的92万LCD完全无法相比的。

增加
机内润饰功能

相对于EOS 50D，该机增加了很多机内润饰功能，这有点像奥林巴斯的艺术滤镜功能，EOS 60D可以提供黑白、柔焦、玩具相机、移轴(微缩景观)等效果，可玩度明显高过了EOS 50D。该机还具备机内RAW处理技术，我们知道RAW格式可以在后期制作的时候加减曝光，改变白平衡，改变锐度反差等，比JPEG的调整余地大很多，机内RAW处理的意思就是可以让你在EOS 60D上完成原本需要电脑才能完成的工作，而且能够输出为JPEG格式的照片并存在卡上。

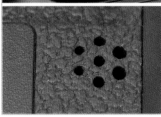

EOS 60D装备了机内麦克风,同时直接在热靴上使用专业的立体声麦克风,从而保证短片拍摄的录音效果

配备麦克风

EOS 60D机身左边的两个麦克风有效地保证了短片拍摄时的录音效果,而支持立体声麦克风接口功能,则更向我们展示了其不凡的视频拍摄能力——当然,我们所说的是支持而非配备。也就是说,和之前的EOS 550D一样,EOS 60D可以增设立体声麦克风。虽然对于很多用户来说,并不会去购买专门的麦克风来装备EOS 60D,但这一改进对于那些有意采用数码单反进行视频创作的人,则是非常重要的。

部分性能降低

EOS 60D沿用了EOS 50D的9点自动对焦系统,与尼康新发布的产品相比有较大差距,但考虑到9点全十字和中心双十字对焦点配置已经够满足我们的日常需求,所以也不必勉强其必须如EOS 7D一样强大。该机的连拍速度由EOS 50D的6.3张/秒变成了5.3张/秒,虽然规格上有所下降,但对于我们日常拍摄的影响不大。另外EOS 60D取消了过去佳能中端单反必备的闪光灯PC接口,相反增加了无线闪光灯控制能力,这对于普通摄影爱好者来说不但降低了运用成本(过去EOS 50D只能以一支装在机顶的闪光灯引闪离机闪光灯),也大大提高了该机的使用范围。但对影楼等用户来说,PC接口的取消是个不小的打

EOS 60D

EOS 60D+EF 70-200mm f/2.8L USM,光圈: F4,快门: 1/250秒,感光度: ISO 100,白平衡: 自动

EOS 60D

EOS 50D

两机的内闪虽然看似相同,但EOS 60D的功能已经有所增加

EOS 50D

EOS 50D+EF 70-200mm f/2.8L USM，光圈: F4，快门: 1/250秒，感光度: ISO 100，白平衡: 自动

打开端子盖，我们就可以看见EOS 60D取消了PC接口

击（该机左边的扩展端子只包括miniUSB、HDMI、快门线及MIC接口），相信很多影室都会为此而倍感遗憾。

　　另外，EOS 60D左肩的模式转盘也只有一种自定义模式，再考虑到其简化了顶部显示面板的显示内容，所以其在相对EOS 50D增加实用功能的同时，也降低了操作性——定位得到了改变。

　　虽然使用的是未升级的9点自动对焦系统，但两机采用边角的对焦点（竖幅人像时经常用到的右上角对焦点），在模特转身的瞬间，都能迅速地对焦在其面部上，所以两者的自动对焦能力足够我们日常使用。

EOS 60D　　　　　　EOS 50D

③ 性能提升

EOS 60D

应该说，与EOS 50D相比，EOS 60D在性能上的提升是有目共睹的。如果EOS 50D还是一台没有高清拍摄能力的数码单反相机，EOS 60D则已经步入多项全能的境界。甚至可以说，EOS 60D为了在高清拍摄上大做文章，改变了自己的外观设计和LCD形式（可旋转LCD在佳能数码单反相机中的第一次试水），所以相对于平凡的EOS 50D，已经显露出几分雄霸之气。

电力提升

EOS 60D采用了新的LP-E6大容量锂电池，电量达到了1800mAh，相比EOS 50D所使用的1400mAh的BP511和BP511A电池，电力明显提升，所以虽然LCD和像素都有所增加，但拍摄水平并没有下降。

EOS 60D+EF-S 18-135mm f/4-5.6 IS，光圈: F8，快门: 1/30秒，感光度: ISO 200，白平衡: 日光

LP-E6大容量锂电池

EOS 50D

EOS 50D+EF-S 18-135mm f/4-5.6 IS，光圈: F8，快门: 1/30秒，感光度: ISO 200，白平衡: 日光

测光系统提升

由于之前EOS 7D和EOS 550D已经在测光系统上升级，EOS 60D的测光系统自然也从EOS 50D的35区TTL全开光圈测光感应器，升级为63区双层测光感应器。理论上讲，63区双层测光感应器可以检测出RGB中红色光和蓝色光信息，并针对光源的不同而带来的曝光偏差和对焦误差进行补偿。在实际拍摄中，单一光线下两者并没本质不同，不过，在极端的复杂光环境下（特别是大逆光环境下），它们的区别就开始显现出来。我们在拍摄夜景和落日的时候，虽然两台相机都使用了光圈优先模式，构图也相同，但由于EOS 60D拥有更多测光点，因此画面在整体上更为均衡一点。

存储卡提升

与使用CF卡的EOS 50D不同，EOS 60D舍弃了这一方案，改用更为小巧的SD卡。随着SD卡技术的日益成熟，大容量的高速SD卡价格一路走低，而EOS 60D可以支持SDXC卡（SDXC卡的存储容量和性能相对之前的SDHC卡提升很多。其标称存储上限可达2TB，瞬时最高速度高达300MB/s），我们就知道佳能为EOS 60D所预设的高清拍摄空间何等的巨大！如果说EOS 50D只是一台拍摄照片的相机的话，那么EOS 60D已经通过一系列改进，使之动静拍摄能力旗鼓相当（需要指出的是，由于EOS 60D进行高清拍摄时瞬时写入文件量巨大，如果使用速率较低的存储卡，相机会在拍摄数秒后自动结束拍摄）！

EOS 60D 1080p 30fps
1920 × 1080

感光芯片提升

EOS 60D沿用了EOS 550D的CMOS，其实对于普通用户来说，300万像素的差别并不明显，所以虽然EOS 60D将有效像素从EOS 50D的1500万升级为1800万，我们直观上感觉不算强烈。在大幅冲印中，这点差别也是效果甚微。不过，EOS 50D最让我们痛恨的就是高像素带来的高感光度恶化和图片层次细节的不足，而EOS 60D的感光芯片采用了EOS 7D的"无间隙微透镜"，因此聚光率和信噪比都有所改善，理论上图片的高感恶化和层次也会随之变好。在我们的实际拍摄中，这一点也确实得到了印证，所以对于用户而言，确是个好消息。

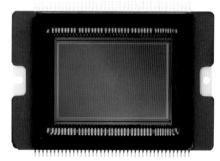

EOS 60D的COMS

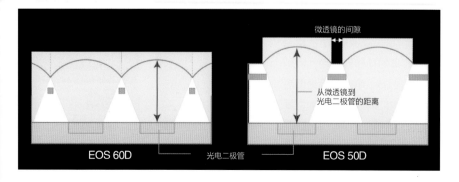

微透镜的间隙

从微透镜到
光电二极管的距离

EOS 60D 　　光电二极管　　EOS 50D

EOS 50D的COMS

增加高清短片

在高清拍摄的指标方面，EOS 60D可以支持1080p 30fps（这一指标与之前发布的EOS 550D相同），摆脱了EOS 50D无法拍摄视频短片的问题。而且，该机很好地解决了1080p时拖尾的困境（这一问题曾在佳能EOS 500D上表现明显）。与此同时，EOS 60D还支持720p 60fps的规格，因此拍摄运动物体时也会更流畅。

需要指出的是，EOS 60D可以全手动拍摄高清，这样便能准确按照用户所希望的光圈值、快门速度和ISO感光度进行拍摄，因此短片功能的实用性非常高。由于该机属于佳能中端产品，所以其按键的设计也要比之前的EOS 550D好得多，拍摄短片所受干扰自然小得多（EOS 550D在拍摄短片时，快门旁的调整转盘转动时会有明显杂音，在实际拍摄时，会被敏感的麦克风录入机内）。

5184×3456

4752×3168

EOS 60D约1800万像素拍摄   EOS 50D约1500万像素拍摄

感光度提升

如前所述，EOS 50D的高感光度成像实在让人头痛，而EOS 60D的感光度范围达到了ISO100~ISO6400，对比EOS 50D的ISO100~ISO3200，确实升级了一档（虽然两款相机的扩展ISO都达到ISO 12800）。在实际对比拍摄中，我们可以发现EOS 50D所拍摄的图片在ISO400时暗部已有可见噪点，而EOS 60D在此情况下则要轻

微很多。在ISO 800时，EOS 50D所拍摄的画面细节明显下降（主动降噪造成的），而EOS 60D只与EOS 50D在ISO400时相当。在ISO1600时，EOS 50D的色斑等明显可见，已

细节

暗部

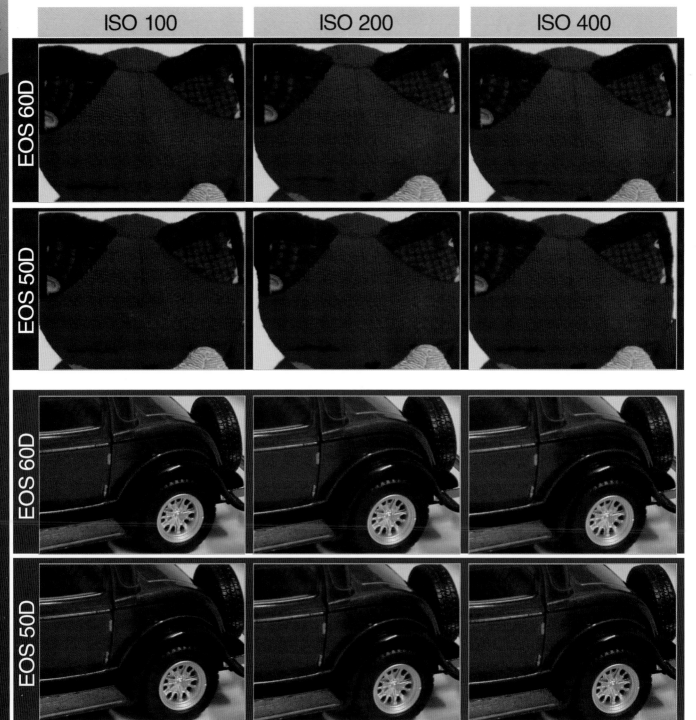

经处于可用极限，EOS 60D则噪点虽然明显，但色斑轻微。在增加了300万像素的情况下，高感光度成像不降反升，已经足矣！

EOS 60D的感光度范围达到了ISO100~ISO6400，对比EOS 50D的ISO100~ISO3200，升级了1挡。

ISO 6400

EOS 60D

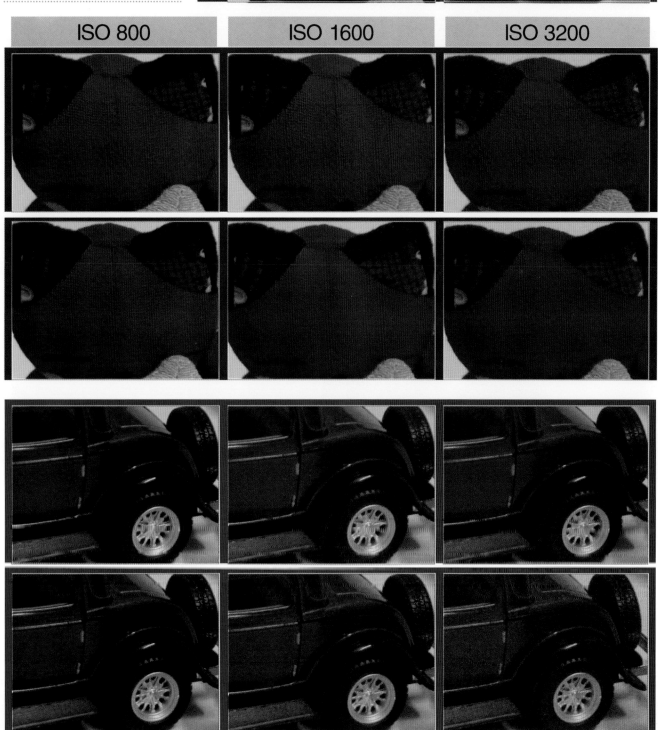

| ISO 800 | ISO 1600 | ISO 3200 |

EOS 60D

光圈: F4
快门速度: 1/200秒
感光度: ISO 100
白平衡: 自动
镜头: EF 70-200mm f/2.8L USM

由于中央处理器并没有改变，所以在拍摄人像时，当照片风格选用"人像"后，两款相机对模特的肌肤还原效果相当。

EOS 50D

光圈: F4
快门速度: 1/200秒
感光度: ISO 100
白平衡: 自动
镜头: EF 70-200mm f/2.8L USM

总结

　　总而言之，EOS 60D并非简单地在EOS 50D基础上进行升级，而是继承了EOS 该系列的编号，重新定位市场的产物。其实道理也很简单，由于EOS 7D的推出，如果不在EOS 该系列与其之间拉出明显的差距（更好的操作性、金属机身、更好的对焦系统等，必然导致成本增加，而保持EOS 50D甚至需要更高的成本，显然在售价上都无法和EOS 7D进行明显区分），消费者很难做出选择。EOS 60D在提高电子部分性能的同时，相对EOS 50D降低了机身做工等方面的要求，可以说也是情有可原了！

EOS 60D + EF 70-200mm f/2.8L USM，光圈: F3.2，快门: 1/100秒，感光度: ISO 200，白平衡: 日光

EOS 60D＋EF-S 10-22mm F3.5-4.5 USM，光圈: F8，快门: 1/30秒，感光度: ISO 100，白平衡: 日光

Part 5 | Canon EOS 60D
个性设置

熟悉了EOS 60D的功能之后，最为重要的实践拍摄就要开始了。在此，我们将从人像、风光和高清短片拍摄三个方面为大家介绍EOS 60D的个性设置技巧。

❶人像摄影

人像拍摄是每个生活在城市里的摄影人最常见的拍摄题材（待在城市里，也就能拍拍人像、扫扫街或在家中拍点静物了），EOS 60D的功能比较强大，比较适宜人像创作！

www.canon.com.cn/specialsite/PStyle/index.html

照片风格的选择

在照片风格里，EOS 60D的人像模式存在一定的色彩倾向，黄色成分变得比较淡（明度提高了），如果您喜欢这样的感觉，自然可以直接使用；但如果想将黄种人肌肤表现得更为自然，则可以选择标准模式。当然，EOS 60D支持网络下载照片风格（地址为：www.canon.com.cn/specialsite/PStyle/index.html），大家可以去下载人像抓拍模式的照片风格，这一模式没有明显的色彩倾向，反差也控制得比较好，值得一试。

对焦模式和对焦点的选择

在人像拍摄中，许多人往往会先使用中心点对焦，然后再构图拍摄。但使用这一方法存在着一个问题，比如人像特写等拍摄中，特别是使用大光圈时，先对焦后构图会存在失焦的潜在问题。具体来说，同一对焦点在对焦至构图的过程中，假定以对焦组件作为旋转轴心，经过了构图调整，实际焦点位置就有可能略靠前于之前预想焦点的位置，我们需要明白的是，这不单只出现于手持拍摄情况，即使用三脚架拍摄也无法避免。

当主题不在中央时，特别是使用大口径镜头拍摄时，我们应该用靠近模特脸部的边角对焦点进行对焦。

EOS 60D + EF 70-200mm f/2.8L USM，光圈：F4，快门：1/250秒，感光度：ISO 100，白平衡：自动

EOS 60D拥有9个对焦点，在人像拍摄中，正确的做法是直接构图，然后使用其周边的对焦点对焦（也就是靠近模特脸部和眼睛的对焦点）。

此外，EOS 60D的实时取景模式中有面部优先实时模式，在使用脚架架设相机或在一些不便于取景的角度拍摄时，完全可以利用此对焦方式捕捉模特的脸部，从而获得完美的图片。

TIPS
模特POSE的简单摆放

在拍摄人像时，手的位置非常重要，它不但增加了画面中的元素，也可以完善构图。当拍摄头像和半身人像时，您可以让模特单手摸后脑勺、扰摸头发、将手指放在嘴唇上、摸衣领、摸脖子前的长发或单手叉腰，也可以让她坐在桌前，单手撑着下巴。总之，手的位置从头到胸前，只要自然，完全可以演义出一幅幅美丽的画面。需要注意的是，模特的手指必须自然弯曲，因为手指僵直，不但不雅观，反而喧宾夺主，破坏了画面整体的美感。

EOS 60D的自动白平衡在平时完全可以应付人像拍摄。

白平衡

日光
(约5200K)

AWB ☀ ⌂ ☁ ☀ ⬚ ⚡ ⬚ K

日光白平衡在夜晚拍摄的画面具有日光型胶片的味道。

EOS 60D + EF 70-200mm f/2.8L USM，光圈: F4，快门: 1/250秒，感光度: ISO 100，白平衡: 自动

白平衡的设置

　　EOS 60D的自动白平衡对色彩还原已经非常准确，在人像拍摄中，大多数时候都可以直接使用自动白平衡出片。但是，当夜晚或在霓虹灯下拍摄时，有时为了获得暖调图片（更有胶片的感觉），我们需要将白平衡设置为日光或是更高，这样拍摄出的图片中红色会相对较多，也会更有味道。当然，保险起见，我们最好使用RAW格式记录。以为在后期制作时如果对白平衡不满意，则可以在计算机中进行调整补救。

连拍设置

一般情况下，我们都使用单张模式进行人像拍摄，但在抓取模特的一系列表情或精彩的画面时，EOS 60D的5.3张/秒连拍速度就非常有用了。不过，在连拍的时候，我们一定要注意快门速度是否够高，以防模特在表情变换中发生画面虚掉（EOS 60D像素较高，在100%放大后即使是非常轻微的模糊都会显得非常明显）。

EOS 60D + EF 70-200mm f/2.8L USM，光圈: F2.8，快门: 1/250秒，感光度: ISO 100，白平衡: 自动

一般环境中，评价测光就可以应付。

虽然背景比较暗，但中央重点测光以主体为测光重心，兼顾背景亮度，所以拍摄的画面前后景曝光均衡。

比较复杂的光线下，中央重点测光是个不错的选择。

测光设置

在人像拍摄中，如果是在光线对比度不是很大的环境中拍摄，评价测光完全足够应付。如果现场光比较复杂，很多人也许认为点测光最为合适。其实，在人像拍摄中，虽然点测光可以比较精确地实现我们的要求（测光后要先换算为18%灰，再根据现场环境进行曝光补偿），但运用中央重点测光更为方便。由于中央重点测光是以画面中央部分为测光重点，再参考四周进行计算的测光方式，所以相当于以模特为主体曝光的同时也兼顾了背景（人像拍摄中，主体一般在画面靠中间位置），完全可以较准确地拍摄出我们想要的照片。

内置闪光灯功能设置
禁用
无线闪光功能
INFO. 清除闪光灯设置
禁用
无线闪光功能
INFO. 清除闪光灯设置

无线闪光设置

EOS 60D是佳能第一款可以利用内闪控制外接闪灯，进行无线离机闪光的中端产品。在人像拍摄中，我们终于可以以一支外接闪灯方便地进行补光了！

在进行离机闪光前，我们要先在菜单中设置好内闪和外闪的连接，特别要考虑是否让内闪的闪光参与曝光（如果不作为曝光之用，那就可以设置为只起引闪作用），然后试拍几张。需要注意的是，外闪最好配合一定的柔光设备使用，这样发出的光不会显得太硬，更适合拍摄人像。

EOS 60D + EF 70-200mm f/2.8L USM，光圈: F2.8，快门: 1/125秒，感光度: ISO 100，白平衡: 自动

高感光度设置

ISO自动　　　　最高:400
　　　　　　　　最高:800
　　　　　　　　最高:1600
　　　　　　　　最高:3200
　　　　　　　　最高:6400

　　虽然EOS 60D的高感质量比前作更好，尽管一些杂志及图书中经常建议读者大胆使用高感光度，尽管相机测试高感是一项非常重要的指标，但在实际拍摄中，要谨慎使用高感光度。高感光度不但会造成画面分辨率下降，还会增加噪点和色斑，更容易加剧佳能相机本就严重的红色溢出。如果有条件，使用感光度ISO 100~ISO 200永远要比使用高感光度来得实在。所以，人像拍摄中也应多用脚架和闪灯。如果实在需要（如在晚上或特殊的情况下），个人建议用EOS 60D拍摄人像的极限高感光度为ISO 800，最好控制在ISO 400内。

在太阳下山后的林间拍摄，由于没有携带脚架并使用了长焦镜头，我们被迫使用ISO 400的高感，还好用的是RAW格式拍摄，后期进行补救后，画面质量基本可以用于100%输出。

EOS 60D＋EF 70-200mm f/2.8L USM，光圈: F3.2，快门: 1/125秒，感光度: ISO 400，白平衡: 日光

TIPS
人像抓拍技巧

❶ 速度优先： 我们可以将相机置于快门优先模式，模特运动比较缓慢时最少保持1/125秒的快门速度，运动比较快时使用1/250秒以上快门速度是近距离抓拍的成功保证。

❷ 提高感光度： 如果光线好自然不用说，如果光线不佳，可将EOS 60D的感光度提高到ISO 400，极限环境下时才使用 ISO 800。

❸ 连拍： 使用连拍功能一次拍三、四张，我们要的是模特最动人的那张，所以不要舍不得按相机快门，EOS 60D十多万次的快门寿命不是我们几天可以折腾完的。

❹ 声东击西： 有时候佯装拍别的东西，或者准备好后忽然叫模特，可以抓住其可爱而自然的瞬间。

❺ 使用广角镜头： 摄影记者之所以喜欢使用广角，是因为广角镜头适合近距离"战斗"。抓拍人像时大胆使用广角镜头，甚至故意夸张其变形，让镜头将模特卡通化也是一种很不错的感觉。

EOS 60D＋EF 70-200mm f/2.8L USM，光圈：F2.8，快门：1/250秒，感光度：ISO 100，白平衡：自动

曝光补偿/AEB	-3..2..1..0..1..2..3	
自动亮度优化		
照片风格	风光	
白平衡	☀	
自定义白平衡		
白平衡偏移/包围	0,0/±0	
色彩空间	sRGB	

亮度优先的选用

　　如前所述，亮度优先模式可以均衡画面的曝光，但其缺点是减小了图片的对比度，使画面看起来略灰。另外，如果您使用RAW格式拍摄，对于是否使用亮度优先差别不大。因为JPEG格式照片中所获得的层次补偿，使用RAW格式拍摄的照片中完全可以调出（这就好像一碗从桶里打出的水，不可能超越桶的容量）。

　　在人像拍摄中，如果光比太大，特别是逆光下没有使用闪灯等对阴影部分进行补光时，可以使用亮度优先功能对画面进行一些补偿。但在选择补偿的级别时，千万不要贪多（补充越多，画面越灰）。

EOS 60D＋图丽AT-X 107 DX Fisheye，光圈：F4.5，快门：1/125秒，感光度：ISO 100，白平衡：日光

消除暗角和利用创意效果中的玩具相机选项故意增强暗角，具有不同的风格，我们不能简单地说谁好谁差，在实际拍摄时只要根据自己的需要加以选择即可。

暗角控制功能的使用

现在人像摄影中也开始流行超广角拍摄，事实上，使用超广角拍摄人像虽然会出现明显的畸变，但也增强了画面的视觉冲击力，突出了摄影师的个性。在使用超广进行人像拍摄时，特别是使用APS-C镜头时，打开暗角控制功能可以减少画面四周的暗边，使画面显得干净通透。但同时，如果不将暗角控制功能打开，甚至故意使用创意效果中的玩具相机效果增强暗角，则可以制造出更为戏剧的效果。当然，在实际拍摄中，灵活使用暗角控制功能，可以让我们体验到更多的拍摄风格——这与传统摄影理论中尽量消除暗角的原则相矛盾，但这也是一种风格尝试。

EOS 60D＋图丽AT-X 107 DX Fisheye，光圈: F4.5，快门: 1/125秒，感光度: ISO 100，白平衡: 日光

2 风光摄影

风光是我们经常拍摄的题材，也是摄影爱好者最好的练习题材。由于EOS 60D拥有高像素等特点，所以在风光摄影中占有一定的优势，我们只要运用得当，应该可以拍出不错的作品来！

照片风格		🅞🅞🅟🅞
S 标准		3,0,0,0
P 人像		2,0,0,0
L 风光		4,0,0,0
N 中性		0,0,0,0
可靠设置		0,0,0,0
M 单色		3,0,N,N
INFO. 详细设置		SET OK

照片风格		🅞🅞🅟🅞
S 标准		3,0,0,0
P 人像		2,0,0,0
L 风光		4,0,0,0
N 中性		0,0,0,0
可靠设置		0,0,0,0
M 单色		3,0,N,N
INFO. 详细设置		SET OK

在照片风格中选择"风光"后，画面的色彩饱和度被提高了，似乎更适合糖水片的拍摄。

EOS 60D + EF-S 18-135mm f/4-5.6 IS
光圈: F8，快门: 1/4秒，感光度: ISO 100，白平衡: 日光

照片风格的选择

在风光摄影中，面对不同的光影环境，我们所需的锐度、色彩饱和度、对比度等设置相差甚远。如果要为后期留有更多余地，我们可以选择EOS 60D的"标准"照片风格。当需要增加画面的色彩饱和度时，选择"风光"基本可以如愿。但如前所述，更好的选择其实是往佳能的网站上下载更多的照片风格（单是风光方面的就有翠绿、秋天色调、清晰、黎明和黄昏等可供选择）。此外，还可以在照片风格选项中设置个性的"用户自定义（可以自定义3种风格）"，从而实现我们对图片风格的把握。

照片风格	
N 中性	0,0,0,0
可靠设置	0,0,0,0
M 单色	3,0,N,N
1 用户定义1	标准
2 用户定义2	标准
3 用户定义3	标准
INFO. 详细设置	SET OK

EOS 60D + EF 70-200mm f/2.8L USM，光圈: F11，快门: 1/125s，感光度: ISO 100，白平衡: 日光。

虽然逆光下远山的反差比较小，但使用中央对焦点完全可以准确的合焦，而且早晨和傍晚光线变化大，也需要我们把更多的注意力放在对光线的把握上。自动对焦，越简单越保险。

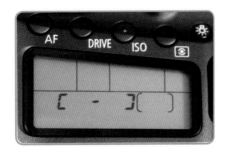

中央单点对焦的使用

　　风光拍摄中对焦问题相对比较简单，一般情况下，使用中央的单点对焦就可以圆满地完成任务。如果使用脚架，希望焦点非常精确，某些日本杂志及摄影师推荐的方法是使用实时对焦（选择手动模式，然后把要对焦的部位放大后精确对焦），但个人建议，除非真需要消磨时间，才去追求某焦点的精确度，以及现场的光线没有变化，不需要我们抓紧时间拍摄，否则在使用小光圈的风光拍摄中（甚至使用超焦距原理拍摄，以追求更大范围的清晰），完全没必要这样做。

網格线1

网格线2

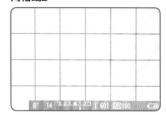

网格线的显示

    EOS 60D搭载了显示网格线功能。在实时显示拍摄时，可在背面液晶监视器上显示水平和垂直线条，并可根据被摄体的不同相应地选择不同密度的网格线1或网格线2。另外，该机具有水平仪功能，所以在拍摄建筑时，我们可以用它们来判断画面是否水平，从而进行辅助构图。如果使用实时对焦模式，网格线还起到划分屏幕和确定黄金分割点的作用（这时候对焦点可以在屏幕中游移，所以构图对焦比较方便）。

EOS 60D在按下右肩的肩屏灯按键后，肩屏灯会发出橘红色的光，这在夜景或拍摄日出日落等昏暗环境十分方便。

当拍摄建筑时，有时候需要横平竖直，这时候EOS 60D的网格及水平仪功能就非常有用了。

虽然在阴天拍摄，但使用日光白平衡所获得的画面依然有其独特的味道。

日光白平衡的使用

在风光拍摄中，由于我们大多使用RAW格式，以保证画面的最佳质量，所以白平衡遭遇的问题多能在后期进行修正。也正因为如此，关于白平衡的问题，风光题材不如产品拍摄等题材明显。在实际拍摄中，因为一方面风光拍摄多在户外，另一方面日光白平衡更能显示出胶片的感觉。需要说明的是，在拍摄日出日落的时候，获得的色彩及影调明显偏暖（日出前和日落后则明显偏冷），这显然要比使用平淡的自动白平衡模式更加吸引人得多。

EOS 60D＋EF-S 10-22mm F3.5-4.5 USM，光圈：F11，快门：1/2秒，感光度：ISO 100，白平衡：日光

使用评价测光后迅速地减曝光1.5级，就可以获得
光影分明的这张图片了。

EOS 60D + EF 70-200mm f/2.8L USM，光圈: F8，快门: 1/60秒，感光度: ISO 100，白平衡: 日光

测光设置

我们知道EOS 60D搭载了评价测光、局部测光、点测光和中央重点平均测光4种测光模式。在风光拍摄中，我们对测光模式的使用可根据场景和被摄体的不同进行选择。具体来说，一般环境下（光线相对均匀）可以使用评价测光，在希望表现小范围特定部分亮度的时候，使用点测光比较方便。就我个人而言，为了把握迅速变化的光线而快速拍摄，更喜欢在任何环境下使用评价测光并配合曝光补偿拍摄（当然这需要一定的经验，否则可以考虑使用跨度比较大的包围曝光）。

TIPS

EOS 60D的LCD面积大而缺乏保护，如果经常外出拍摄风光，为其贴上一片保护膜是必要的。如果购买一个厚实的金刚膜，当遇到恶劣的环境时会更加保险（朋友的EOS 550D在外拍中机器发生碰挂，虽然金刚膜破裂，但总算没伤到机器的LCD，所以算是花小钱保大险）。

EOS 60D＋EF-S 10-22mm F3.5-4.5 USM，光圈: F5.6，快门: 1/30秒，感光度: ISO 400，白平衡: 日光

由于拍摄的风光图片多要放大，个人建议在使用感光度ISO 400时所拍图片已是极限，再高的感光度只会大量增加噪点和色斑，并使画面分辨率下降。

高感光度设置

　　风光摄影中多使用脚架，再加上追求画面细腻，其实对高感的使用不会很多。但在夜景拍摄中，高感的运用则会明显增加。比如在需要景物中的人有一定的清晰度时，我们不得不使用高感光度拍摄。但是，如果要追求好的成像质量，我们依然要尽量减少使用高感（懒得带架子就外出拍摄夜景的人则另当别论）。

夜晚带上三脚架，比使用高感好得多，虽然某些人在测试中我们表现使用感光度ISO 1600甚至ISO 3200拍摄的夜景，其拍摄出来的效果并不理想。

亮度优先的选用

　　当我们处于大光比环境下时，EOS 60D画面宽容度不足的缺点就会暴露出来（风光摄影中，它的这一问题确实比较烦人），亮度优先可以缓解这一问题。

　　如果想更好地解决大光比下画面层次的问题，我们可以考虑拍摄多张构图完全相同（使用脚架），只是曝光量差异较大的图片，后期在计算机上进行高动态合成即可。

EOS 60D＋EF-S 10-22mm F3.5-4.5 USM，光圈: F11，快门: 1/30秒，感光度: ISO 100，白平衡: 日光

接片拍摄

　　EOS 60D自带的DPP软件功能比较简单，对于我们后期的作用不大，但该软件在处理接片时比较方便（当然使用Photoshop也可以自动拼接）。在风光拍摄中，我们可以多利用该机拍摄接片，在后期利用软件进行拼接。需要注意的是，在拍摄接片时，曝光和对焦要改为手动，以保证各片的统一，相机要尽量水平。另外，选择畸变小的镜头也非常重要。

时间选得好，普通的景物也能拍出独特的画面。

时间

EOS 60D＋EF-S 18-135mm f/4-5.6 IS，光圈: F8，快门: 1/150秒，感光度: ISO 200，白平衡: 日光

EOS 60D + EF-S 18-135mm f/4-5.6 IS，光圈: F8，快门: 1/250秒，感光度: ISO 100，白平衡: 日光

摄影经验

　　风光摄影其实只要记住三点就可以拍出比较好的片子：时间、地点、构图。时间包括光的运用、意境的发觉等；地点则体现了照片的主题；而构图包括的比较多，前景、引导线、参照物、画面的纵深感和画面的比例等。简单地说，在拍摄中，我们可以向图片中加入朝霞与晚霞（时间）、兼顾好前中远景（构图），或在大雾或者暴雨天拍摄（意境）。虽然手法简单，但由于图片中具备了比较独特的元素，所以就很容易打动人。

地点

虽然是糟糕的天气，但近景的增加，让画面更耐人寻味。

EOS 60D + EF 70-200mm f/2.8L USM，光圈: F4，快门: 1/250秒，感光度: ISO 100，白平衡: 日光

构图

意境的表现可以通过天气，也可以通过构图来获得。

EOS 60D＋EF-S 18-135mm f/4-5.6 IS，光圈: F8，快门: 1/30秒，感光度: ISO 200，白平衡: 日光

❸ 高清短片拍摄

毫无疑问，EOS 60D的高清短片功能十分强大，对于每一个用户来说，熟练地使用它，将会为我们的影像生活带来更多乐趣。也许在此之前，您对短片拍摄所知甚少，但只要准备好必要的器材和大量的实践练习，再掌握一些小诀窍，我们一样可以轻松拍摄！

使用高速存储卡实现高效率拍摄

我们知道，高清短片的拍摄对于相机存储卡的读写要求很高，高速卡不仅可快速地录制高清短片，防止画面丢帧，还可避免相机或储存卡发生故障，免去不必要的麻烦。所以，在拍摄前，我们首先要购买一张大容量的高速存储卡。

如果使用速度慢的卡，当缓存不足时，EOS 60D在短片拍摄中会自动停止拍摄。

尽量使用M挡的曝光设定

虽然相机上有许多高级的拍摄模式，但对于短片拍摄来说，除了光圈优先和程序优先模式外，熟练掌握手动曝光模式的操作是必不可少的技能。在实际拍摄中，通过使用手动曝光模式，可方便地设置快门速度、光圈或感光度，让整个表现都完全掌握在自己的手中，从而获得独特的效果（比如故意曝光不足或曝光过度形成高调影像）。

使用较快的快门速度和ISO 100~ISO 800提高成像质量

较高的快门速度保证了主体在运动中也有清晰成像。

我们之所以提倡手动曝光，其中一个原因就是快门速度过慢会出现抖动问题。在使用EOS 60D拍摄短片时，应该使用1/50秒以上的安全快门速度，这样能较好地防止相机成像模糊（当然，快门速度更快一些，单帧图像的清晰度也会更高些，在截图的时候会更好用）。另外，虽然EOS 60D的最高感光度不低，但在日常使用中，将相机的感光度数值设定在ISO 100~ISO 800（可使用自动感光度设置），可防止因高感光度而产生的画面噪点，提高成像质量。

使用手动对焦拍摄

许多数码单反相机用户可能不习惯手动对焦，因为在数码单反对焦功能日益强大的今天，许多用户已经将对焦完全交给了相机本身，所以会对手动对焦变得非常陌生。但是要使用数码单反相机拍摄高清短片，最好使用手动对焦。数码单反相机在实施取景时的对焦能力很弱（EOS 60D此时采用的是对比度对焦，速度也相对较慢），在拍摄短片时，如果主体不在对焦点上，相机更是无法自动合焦。所以拍摄短片一定要学会使用手动对焦（如果使用自动曝光模式，自动对焦还会影响到画面的曝光参数等）。

> 在拍摄前，把镜头上的AF/MF键调整为手动的MF，在实际拍摄中更为方便。

> 由于使用自动白平衡，短片在光线和场景变化中，画面颜色有了一定的变化（注意截图的色彩），所以尽量不使用自动白平衡，这点确实非常重要。

画面避免使用自动白平衡设置

自动白平衡功能虽然在拍摄照片时比较简便，但在拍摄视频时却并非如此。由于拍摄短片时会有较多的环境变化，使用自动白平衡会直接导致拍摄的几段短片画面颜色不统一，使得画面出入很大。所以，在拍摄前，应该先将EOS 60D的白平衡设置为"现场环境"或"自定义"。

从多个角度拍摄

对同一主体，拍摄角度的不同得到的图像效果也会有所不同。短片拍摄角度大致分为以下三种：从高于拍摄物体的角度拍摄，使拍摄物体看起来比实物小，也比实际位置远；水平方位角度拍摄，与拍摄物体保持水平角度，拍摄出来的效果与肉眼看到的相同；从低于拍摄物体的角度拍摄，使拍摄物体看起来比实物大，更有魅力。

将镜头光圈设定为最大F5.6

由于EOS 60D的感光芯片比较大（相对于专业级摄像机），因此，在短片拍摄中可营造比较浅的景深。但是，在平时的拍摄中，如果总是使用大光圈、浅景深，有可能导致画面出现焦点偏移或主题不清晰的现象。使用最大F5.6的光圈数值，一方面可以增加图像的景深（也不会过深，总体比较均衡），另一方面可增加画面的清晰程度。

拍摄前观察环境

拍摄短片前要先注意观察环境，在拍摄时应该考虑哪些镜头可以选择，以及这些场面用什么景别比较好等。另外，拍摄时千万不要大意，时刻不可忘记周边或身后的状况，特别对背后的沟渠、马路等要引起重视，不要在连拍时脚踩空或被来往车辆伤害——就连很多有经验丰富的摄像师，也常会因为注意力过于集中在主体，在移动位置的过程中发生摔跤、碰撞甚至跌落深处的意外。

围绕中心人物进行拍摄

每一次活动或庆典当中，拍摄者应当将主要的精力放在这些事件主人公的身上，而不是蜻蜓点水般地为每一位在场的人立此存照。应时刻记住，中心人物的行为、言语和情绪变化才构成了整部作品的逻辑主线。即便是拍摄其他人的言行，也都应围绕着影片的主要人物着笔，不可喧宾夺主，切忌做成一部拉杂琐碎的流水账。

注重环境与细节的拍摄

衡量一部短片作品的优劣，细节刻画的成功与否占有举足轻重的位置。由于通过相机镜头的变化，能够更为宏观或微观地审视我们周围的环境，它所呈现出来的视觉空间，自然是一个由更多全景与细节交织构成的主观世界。对于刚接触短片拍摄的用户来说，他们还不太习惯让相机观察自己的肉眼看不真切的地方，因而记录下来的，大多是人们常见的影像。

拍摄为剪辑做准备

与拍摄照片不同，短片在拍摄时就要为今后的剪辑工作做准备（DV技术的发展方向，便是为摄编一体化的个人创作提供物质上的便利条件，使从构思到出品的完整影像表达成为可能）。

由于短片拍摄只是整体当中的一个组成部分，所以我们要从技术与艺术上掌握镜头摄制与剪接的基本规律。当我们用EOS 60D记录眼前的景物时，每一个机位的选择，每一次"推、拉、摇、移"的运作，都要考虑到后期制作时编辑的可能性，这样才能制定出切实有效的拍摄方案。

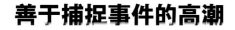

善于捕捉事件的高潮

虽然平淡也是一种美，但在庆典等场合下，火爆热闹的高潮场面却是不可或缺的影像元素。但是，人们喜欢在一波又一波的浪头上颠簸，却不愿意长时间地看一场沉闷的演出（这也是很多DV爱好者经常发现，自己辛勤拍摄的录像片无人问津的原因所在）。当我们参与一场盛大的典礼，并用EOS 60D进行短片拍摄的时候，对戏剧性场面的出现要有敏感的预见性和迅速的捕获能力。为了强化现场的气氛，应着意利用镜头的表现力，不是以一个全景镜头贯彻始终，而是尽可能地变换不同的景别与视角，悉心观察每一位心潮澎湃的人，突出每一个姿态张扬的动作，记录每一句饱含深情的话语，将情绪贯注于镜头里，浓墨重彩地呈现一场人生的盛宴。

Part 6 | Canon EOS 60D 配置推荐

对于每一个EOS 60D用户来说，手中单有一台相机，或者一部套机是无法发挥其潜力的，从镜头到脚架，从闪光灯到摄影包，我们只有配齐了这些常用而必需的设备后，一个整齐而有效的摄影系统才能运作起来！

1 镜头

作为EOS 60D的用户，不管您是刚入C门（佳能系统），还是早已身在"佳门"，手里已拥有一些镜头和其他配件，我们在此的配置推荐总会给您启发——当然不是要您生搬硬套，而是根据自己的实际情况，举一反三，以最省钱的方式构筑一套满意的器材系统！

选购原则

我们知道，佳能有着丰富的镜头群，很多人进入C门，就是冲着这庞大的镜头群而来，当然，原厂也意味着更高的价格，意味着您所购买的一些入门级镜头在未来升级时更为鸡肋，所以对于原厂产品的选择，我们还是希望一步到位，或者购买的镜头至少在今后的好几年里可以继续为我们服务。

另一方面，日本三大镜头副厂的产品价格相对较低，虽然在某些方面（如马达、耐用性和防抖功能）不如原厂产品，但光学性能差别并不明显，所以对部分资金相对紧张的用户是不错的选择。

虽然篇幅有限，我们的配置推荐无法一一照顾，但清楚了以上两点，在实际的选购中，我们可以根据自己手中的钞票来给原厂和副厂投票。

在镜头的具体选择上，考虑到佳能有全幅产品，部分购买EOS 60D的人，是将其作为学习用机，待有一定摄影经验后，升级全幅产品（还有部分人本来就有全幅产品，购买EOS

60D主要是作为备用机使用），所以我们在对镜头选择时也会做此考虑。

此外，为了更好地结合用户的实际需求，我们的选择按拍摄题材分为风光、人像、综合（兼顾扫街、旅游和日常静物、花草拍摄等）三类——虽然分类有一定的针对性，但也无法完全代表特定用户的需要，特别的拍摄题材还需要根据镜头的特点权衡利弊进行选择，所以如有照顾不到之处，还请见谅。

佳能丰富的镜头群，是EOS 60D用户坚实的后盾。

5000元级

配置推荐【风光】

为了让有限的预算能够发挥出最大功效，我们只能为EOS 60D选择APS-C画幅镜头，特别是中档的标准变焦镜头。考虑到风光摄影中对焦距的要求明显优先于大光圈，所以购买价廉物美的EF-S 18-135mm f/3.5-5.6 IS或EF-S 18-200mm f/3.5-5.6 IS镜头比较合适。考虑到EF-S 18-200mm f/3.5-5.6 IS的价格并不高，在风光摄影中远摄优势比EF-S 18-135mm更明显，所以成为我们推荐的主角。

有了大变焦镜头，购买一支大口径标头是明智的选择，EF 50mm f/1.8 II价格非常便宜，但能够有效地弥补EF-S 18-200mm的不足，所以成为必选。

EOS 60D + EF-S 18-135mm f/4-5.6 IS，光圈：F8，快门：1/125秒，感光度：ISO 100，白平衡：日光

从本质上说，无论是拍摄城市风光还是自然风光，我们对镜头的最大光圈都没有太多要求，配合一脚架，使用中小光圈可以获得足够的景深和更佳的画质。不过，此时镜头的焦距十分重要，因为大多人不愿意背着几支沉重的镜头跋山涉水，所以大约能够覆盖135相机29mm~320mm的大变焦高画质镜头就成为首选。

3800元
EF-S 18-200mm f/3.5-5.6 IS

700元
EF 50mm f/1.8 II

配置推荐
【人像】

对于人像拍摄而言，背景虚化和成像素质是关键，因此，大口径、高素质的50mm或85mm定焦镜头比较适用（在EOS 60D机器上正好接近于人像黄金焦段85mm~135mm两端）。限于价格因素，我们只能选择EF 85mm f/1.8 USM或EF 50mm f/1.8 II（适马新款50mm f/1.4性价比不错，只是价格略高）两个规格的镜头，虽然它们价格相对低廉，但同样能够营造出颇具水准的效果——定焦镜头解像度极高，色彩鲜艳，影像变形也小，比较适合在现场光源下拍摄人像。当然，光靠一支定焦镜头是不够的，所以以EF-S 18-55mm f/3.5-5.6 IS套头在焦段上正好弥补。其实，虽然大家都在骂这支"狗头"，就性能来说，它确实也是"狗头"，但低廉的价格和还可以忍受的成像质量让它还是有众多的用户。考虑到我们已有大口径的定焦镜头，此头主要担负小光圈下环境人像或棚拍的任务，所以只要尽量收小光圈，注意边角成像，其一样可以物尽其用。

在传统人像拍摄中，大光圈的中焦镜头占有非常重要的地位，事实上人像的黄金焦段也就是135相机的85mm~135mm，所以备上一支类似镜头，拍摄起来更为方便。

EOS 60D + EF 70-200mm f/2.8L USM；光圈: F2.8，快门: 1/125秒，感光度: ISO 200，白平衡: 自动

700元	**700元**	or	**2950元**
EF-S 18-55mm f/3.5-5.6 IS	EF 50mm f/1.8 II		EF 85mm f/USM

＋

或

配置推荐
【综合】

其实，没有特别需求的配置才是最麻烦的配置。考虑到平时扫街远近皆要有，而旅游拍摄中换取镜头很麻烦，会大大增加相机进灰几率，因此，大变焦的轻便镜头成为我们此时的专宠。等效于35mm相机29-216mm焦距的EF-S 18-135mm f/3.5-5.6 IS，不但可以满足平日的拍摄需要，而且在使用中能让我们找到对焦段的偏好，为以后添置或升级器材积累经验。此外该头具有防抖功能，在EOS 60D上相当于216mm焦距长焦实用性得以增强。

EF-S 60mm F/2.8 Macro USM是2005年佳能发布的APS-C画幅微距镜头，其体积小巧，成像质量、锐度和色彩都很不错，该镜头的焦段适合处理多种题材，无论拍摄花草还是静物甚至偶尔随拍两张人像，都可胜任。以上两者的组合，不但综合了成像、重量和价格因素，题材拓展性也大为增强，足以满意我们的需求。

对于拍摄题材繁杂的摄影爱好者而言，镜头要求一物多用，所以选购时重点要在保证焦段的前提下兼顾成像，另外，可以选择便宜的大口径镜头作为补充。在城市扫街的时候，特别是拍摄一些城市建筑时，大口径变焦镜头并不会比小口径带防抖功能的镜头更有效。

EOS 60D + EF 70-200mm f/2.8L USM
光圈: F11，快门: 1/30秒，感光度: ISO 100，白平衡: 日光

2530元 EF-S 18-135mm f/3.5-5.6 IS **2850元** EF-S 60mm F/2.8 Macro USM

10000元级

⊙ 在投入10000元预算时，我们必须考虑APS-C系统与全画副的兼容性（谁也不希望镜头用两年后，随着机器的更换而全部贱卖）。所以，除非特殊需要，此时购买镜头一般应直接考虑全画幅产品。

EOS 60D + EF-S 18-135mm f/4-5.6 IS，光圈: F8，快门: 1/125秒，感光度: ISO 100，白平衡: 日光

配置推荐【风光】

佳能EF 17-40mm f/4L USM可以在全画幅相机上使用，其外观设计和做工都参考了佳能EF 16-35mm f/2.8L USM的风格，成像也具有佳能专业镜头的高品质，所以是一款值得推荐的镜头。EF 70-200mm f/4L USM俗成"小小白"，此镜头轻巧而像质出众，是个可信赖的好伙伴。由于没有大光圈镜头，所以配上一款EF 50mm f/1.8 II镜头可以做到有备无患。

> EF 17-40mm f/4L USM不但在拍摄大场景风光时非常好用，当拍摄一些特写时，也能很好地张扬个性，突出氛围。加之其重量轻，成像质量不错，防水防尘能力好过普通镜头，在风光拍摄中自然不可缺少。

5100元	5200元	700元
EF 17-40mm f/4L USM	EF 70-200mm f/4L USM	EF 50mm f/1.8 II

 +  +

配置推荐
【人像】

在10000元级的风光配置推荐中，我们的选择比较均衡，所以在这一档次的人像镜头配置中，我们还得向大家推荐它——其实，佳能F4系列本就是为那些追求性价比和轻量级产品的专业摄影人准备的。

当然，如果您觉得小小白的光圈略小，也可以用其与EF 50mm f/1.8 II的预算购买腾龙SP AF70-200mm F2.8 Di LD [IF] MACRO。该头的最近对焦距离达到0.95m，在全焦段都能提供不错的解像力，尤其是将光圈收小到f3.2后的解像力非常可观，这足以让该头的大光圈得到充分的发挥和利用——在综合成像上明显高过不带防抖版的适马产品。不过，该镜头没有超声波马达，对焦速度不快——还好，这在人像拍摄中还不算大问题。

在人像摄影中，拥有大光圈70-200mm镜头的优势可算是一个通用型产品。事实上，它的优势是显而易见的，比较长的焦段可以很好地压缩背景，变焦设计让其能够灵活构图，所以比较适合对人像的快速抓拍。

EOS 60D＋EF 70-200mm f/2.8L USM，光圈：F4，快门：1/250秒，感光度：ISO 100，白平衡：自动

5100元	5200元	700元	or	5100元	5800元
EF 17-40mm f/4L USM	EF 70-200mm f/4L USM	EF 50mm f/1.8 II		EF 17-40mm f/4L USM	SP AF70-200mm F2.8 Di LD [IF] MACRO

 +  +  或  +

配置推荐
【综合】

　　如果不考虑将来升级，10000元为配套旅游或日常拍摄镜头，完全可以选择那些副厂f2.8的APS-C产品，但如果要给未来升级留更多预地，我们还是选择图丽AF 12-24mm f/4和佳能EF 24-105mm f/4L IS USM。图丽12-24mm f/4由宾得设计，光学质量不用多说，虽然是APS-C头，但价格还比较合理，将来卖出也不会亏很多，目前其第二代产品已经出来，但第一代产品的价格要便宜点，到底选第一代产品还是第二代产品，就看个人情况了。EF 24-105mm f/4L IS USM既是恒定光圈又具备防振功能，L头的优良素质和适中的焦距设计，能够为旅游拍摄提供更佳的成像质量（只是该头畸变控制略有不足，大家在使用中要多加注意）。两者搭配，超广角和中长焦都可兼顾（只是长焦端稍有不足，但实际影响远没心理影响那么大）。

平时拍摄中，利用EF24-105mm f/4L IS USM在焦段上的优势，我们不但可以轻松的扫街，还能拍摄一些花草的特写（虽然不能称之为微距），达到一镜多用的效果。

EOS 60D + EF 70-200mm f/2.8L USM，光圈: F3.2，快门: 1/125秒，感光度: ISO 100，白平衡: 日光

3600元
Tokina 12-24mm f/4 II

7100元
EF24-105mm f/4L IS USM

20000元级

配置推荐【风光】

动用20000元为EOS 60D配置镜头，已经颇具专业味儿了。在这一级别的镜头选购中，我们应该遵循的原则是宁可缺少某个焦段，也绝不为了凑合而选择性能低的产品（考虑到花费如此价格配置镜头，未来升级全幅时，如果还需要推倒本配置再来一次，浪费是惊人的，所以在选择时我们也会最大可能向着全幅产品靠齐），毕竟，低就等于将来要再次升级，而保证品质则可在经济宽裕后，轻松补齐缺少的爱物。

对于这一级别的配置，许多人会对我们选择佳能EF 17-40mm f/4L USM可能有所不解，其实风光摄影并不需要太大的光圈，该头的弊端不会过多显现，购买相对便宜的它，省下钱来买支很牛的长焦镜头未尝不可。EF 70-200mm f/2.8L IS II USM 是"小白"的接班人，其最新设计的光学系统成像质量较"小白"又有了大的提高，如果考虑到它的大光圈和防抖功能，肯定是20000元级的首选之物。对于那些喜欢使用超长焦拍摄风景，平时也爱拍拍荷花和鸟儿的朋友，EF 100-400mm f/4.5-5.6L IS USM肯定惹人喜爱，此头虽然光圈略小，但更好的焦段和非常出色的成像，已让许多著名的风光摄影大师着迷。

使用超长焦拍摄风景已是很多著名摄影家的拿手好戏（比如著名风光摄影家朱恩光），想想用EF 100-400mm f/4.5-5.6L IS USM，在EOS 60D上可以获得相当于640mm的焦距，在实际拍摄中，这将为我们带来何等的便捷！

EOS 60D＋EF-S 18-135mm f/4-5.6 IS，光圈：F11，快门：1/60秒，感光度：ISO 100，白平衡：日光

5100元	14000元	12650元
EF 17-40mm f/4L USM	EF 70-200mm f/2.8L IS II USM	EF 100-400mm f/4.5-5.6L IS USM

配置推荐
【人像】

这个档次的人像拍摄显得更加充满诗意，如同奶油般融化的虚幻效果再不是梦境中的希冀，丰富的搭配让构图更加得心应手。

如果你是传统一派的摄影师，那么EF 24-70mm f/2.8L USM是个不错选择。该头在EOS 60D上虽然广角只有38mm，但对于传统拍摄人像的摄影师完全足够，考虑其合适的焦段和未来升级全幅时带来的优势，确实值得一选。

不过，作为新潮的人像摄影师，我们更愿意推荐EF 16-35mm f/2.8L USM的升级版——EF 16-35mm f/2.8L USM II。在EOS 60D上相当于135相机25.5mm~56mm焦段，拍摄一些夸张而个性的人像作品恰到好处。此外，该头不但防晕光能力大增，而且成像质量更好，未来升级全幅也不会成为障碍，实在让人满意。

EF 70-200mm f/2.8L USM在人像摄影中的表现也不需我们多言，虽然没有防抖功能，光学系统也不如最新的"小白"二代可亲，但许多著名摄影师用其拍摄人像作品，本来就是最好的广告。

现在越来越多的人开始使用超广角镜头拍摄人像。应该说，这类环境人像所具有的氛围和情绪是传统大口径中长焦镜头所无法比拟的，作为一个现代摄影师，试着玩玩超广角人像，确实很有必要。

EOS 60D + EF-S 10-22mm F3.5-4.5 USM，光圈：F4.5，快门：1/125秒，感光度：ISO 100，白平衡：自动

9400元
EF 24-70mm f/2.8L USM

or

9750元
EF 24-70mm f/2.8L USM

9830元
EF 70-200mm f/2.8L USM

　或　　+　

EOS 60D + EF 70-200mm f/2.8L USM ，光圈: F8, 快门: 1/125秒, 感光度: ISO 100, 白平衡: 闪光灯

配置推荐【综合】

　　其实，我们在人像摄影镜头配置中推荐的广角版组合就很适合综合拍摄之用。当然，再加支便宜的EF-S 60mm F/2.8 Macro USM微距镜头是应该的，它不但起到了弥补焦段的作用，多用途和体积上也很让人喜欢——唯一遗憾的是，未来升级全幅时要把这支镜头卖掉，但考虑其价格低廉，我们的损失其实已经很小了。

　　有了长焦和微距镜头，即使因为平时上下班没时间外出拍摄，也可在家摆上静物好好地玩几把。事实上，对于大多数人而言，在配置镜头时多想想自己的时间安排，或许就没有渴望某些身价上万，一年却用不了几次的"宝贝"了！

配置推荐【总结】

　　在我们的几类配置推荐方案中，虽然其中不见许多著名镜头的身影，但最平凡的才是最常用的，我们相信这些方案可以适应更多的人。当然，如果您是有特别需要的，如非常喜欢微距摄影，那我们这里的推荐不太适合您，我们去希望您购买180mm和100mm微距镜头；而那些特别喜欢定焦的朋友，当然也最好购买那些价格不菲但让人着迷的大口径定焦镜头。如果您喜欢用EOS 60D拍摄短片，购买一款类似18~270mm这样的大变焦镜头，将使视频拍摄更为方便。总之，根据自己的需要，合理、理性地配置镜头，才是每个摄影人的最佳选择！

9750元
EF 16-35mm
f/2.8L USM II

2850元
EF-S 60mm F/2.8
Macro USM

9830元
EF 70-200mm
f/2.8L USM

缩写	英文全称	中文名称	解释
USM（U）	ULLLTRASONIC MOTOR	超声波马达	属于无齿环形直距马达，具有低旋转速度、高扭力、静音和体积纤巧等特点。由于超声波的振动，构成旋转式的推动力通过环形马达，适合大光圈和超远摄镜头采用。采用超声波马达，还可获得全时手动功能，缩短调焦时间
MICRO USM	MICRO ULTRASONIC MOTOR	微型超声波马达	采用更精密的圆筒形取代普通的环形设计，使体积和重量减小了50%，成本降低到1/30，但体积和重量保持不变
AFD	ARC FORM DRIVE	弧形超声波马达	工作原理与微型超声波马达一样，只是外形、体积和重量不同，镜身上无特别标注，如EF100-300/5.6 L等
DC	DIRECT CORELESS MOTOTR	直流无轴马达	代替部分USM超声波马达驱动镜片组进行自动对焦，如EF28-90mm F/4-5.6
IS	IMAGE STABILIZATLON	光学防手动影像稳定器	由内置小型振动感应器检测出振动次数和角度，然后转化为电子信号，最后由内藏稳定光学镜片根据微处理器发出的指令做出偏移对光进行补偿，使手持拍摄时轻微晃动不会造成影像模糊
PC	PERSPECTIEV CONTROL	透视调整专用摄影镜头（移轴镜头）	该镜头可以作倾角及偏移的改动，令摄影的范围更广，即使用最大光圈，也能获得广阔的景深。有广角24mm、标准45mm和中焦90mm等镜头
SIC		超级凸轮系统	在内后焦的镜头里，根据变焦距离对六种对焦方式进行高精度修正，常用于五倍以上的变焦镜头
1.4×	EXTENDER 1.4×	手动镜头用1.4倍增距镜	
2×	EXTENDER 2×	手动镜头用2倍增距器	
EF1.4×		EF1.4倍自动对焦增距器	配用镜头光圈要求F4或更大，配合大部分长焦距EF镜头使用
EF2×	EF EXTENDER 2×	EF2倍自动对焦增距器	要求配用光圈F2.8或以上的长焦距EF系列镜头使用
EF12/EF25	EF EXTENDER 12/25mm （EXTENSION TUBE）	带电子自动对焦无镜片增距延伸管	将镜头与胶片的距离增加12/25mm，使镜头有更短的对焦距离，增大放大倍率，具体视镜头焦距而定。如与标准镜头配合EF12/25，可放大0.3-0.50.7倍，但部分广角镜头不能配合使用
EP-E	EP-E65mm		这是一款高倍率1x-5x微距专用摄影镜头，光圈F2.8，焦距仅0.238m~0.3m，可TTL测光、自动曝光和手动精细调焦
E-M	ELECTRO-MANUAL	电子调焦/手动对焦转换开关	
FT-M	FULL-TURE-MANUAL	全时机械手动对焦/手动对焦转换开关	

佳能镜头命名知识

当镜头配好以后，我们就得考虑为EOS 60D选择其他配件了。虽然摄影配件种类繁多，但对于大多数人而言，选择理想的摄影包、三脚架和外接闪光灯其实最麻烦，因为它们在摄影系统中的重要性不言而喻，但选择起来的学问一点不比购买相机和镜头差，所以，我们还得多加留意。

2 摄影包

有了相机、镜头，最需要的就是尽快给它们找个"家"，所以我们自然该选择一款摄影包。在选购摄影包时，很多人首先考虑的是价格和品牌，其实，正确的方法是先考虑自己的职业和用途选包型，然后再根据自己的全部器材来选择具体型号。

另外，目前市场上摄影包的品牌和款式众多，一眼看去实在有些头晕，由于对摄影包无法做出客观的评价，所以不少人在选择具体的型号时比较随意（有的人希望把自己的全部器材都装进去，有的人盲目听信商家的介绍，有的人又贪图价格便宜），结果可想而知。其实，根据个人摄影器材和使用方法的不同，拿出购买摄影器材全部投资的1/10花在摄影包上，一步到位，反而是个比较节约的办法。

在外出拍摄，特别是长途旅行中，双肩包可以有效地降低我们的疲劳，而且其容量大，可以放入我们的全部器材，因此或多数摄影人的首选。

TIPS
购买建议

❶ 为了了解摄影包的质量，最好多去摄影器材店转转。同时在网上查查相关数据，供自己选择时的参考。

❷ 在购买摄影包时，最好带上您的摄影器材。将器材试装一下，并背负着试试感觉好坏。

❸ 在选购摄影包时，不要仅仅考虑目前的需要，也要想想将要增添的镜头及其他器材。

❹ 最好选用尼龙制成的包或者填有棉花的帆布包，因为它们比较结实。

如果只是日常使用，特别是在城市里，摄影包长得不像"摄影包"最为重要。这样不但低调不遭贼，还可以显得更休闲，并且可和更多服装搭配。

配置推荐

卡塔便携18 PL摄影包　　　　参考价格: 1190元

卡塔便携18 PL三角枪型腰包属于Pro-Light系列，是多功能的专业三角枪型腰包。该包拥有特制的软垫钢条防护脊柱，可以为器材提供结构性保护，轻量化但超抗拉RipStop面料、多孔超轻层板及结实的织物带子，组合出了轻便但保护性很好的结构，所以即使处于十分恶劣的天气也不用担心器材的损失。

该包提供了快速拔出即拍摄的主隔间打开方式，主包可放EOS 60D加手柄及"小白"等镜头（侧袋还可存放多余的镜头、闪光灯及配件），

因此适合那些喜欢携带1机2镜扫街的用户。

国家地理NG A5270摄影包
参考价格: 1980元

国家地理非洲系列NG A5270摄影包在外形上比较休闲，粗犷中带有高贵。其空间为290mm×120mm×250mm，可容纳EOS 60D和一台14寸或以下尺寸的笔记本电脑，多个小口袋则让其拥有充裕的空间，存放一些私人物品——两个侧袋还可用于放置三脚架或水瓶，因此，完全可以满足我们日常需要。在使用上，NG A5270摄影包可根据左肩带的不同连接方式，作为背包或单肩包携带，所以颇为方便。

TIPS

侧挎包在使用中外形更接近于公文包，所以更适合城市及经常有公务旅行的用户。

国家地理NG A2560摄影包　　　参考价格: 1650元

NG A2560属于兼具环保与时尚的Africa系列摄影包。其最大特点在于加入了很多非洲的元素，不论是纽扣、接环，或是真皮的辨识名牌及零件，皆蕴含具历史文化元素，让用户尽情演绎自己的时尚生活。

在性能设计上，该包采用内外双袋设计，空间弹性很大，可完全根据用户的使用习惯调整配置。材质部分则采用100%高级天然环保棉质布料制成，重量很轻且和柔软舒适，使用时可大幅度降低背负的不适感。其可以容纳一台15寸笔记本电脑和1机3镜及其他配件的空间，也足够我们日常使用。

卡塔猫头鹰272 DL　　　　　参考价格: 1650元

猫头鹰272 DL背包是一款时尚、功能丰富的轻便防护性背包，既可携带相机器材，也可作为普通日常小背包使用。

在设计上，该包用ISI防护肋保护结构、轻量化但超抗拉的RipStop面料、多孔超轻层板及结实的织物带子组合出一个轻便但保护性超强的系统（若卸下不需要的配件，其可以更轻便）。

在空间上，该包的主相机隔间可从右侧打开，便于快速取放相机，而设有两块多孔超轻层板的配件区，可放置多达6支镜头或闪光灯。最大为15英寸的笔记本电脑可放置在背包背部的专用隔间里，并可以由个人物品区域的开口提取。该包正面大型口袋及两侧袋可提供更多储存空间（其中一个侧袋可从拉链拉出网袋放置水瓶）。值得一提的是，该包的包内中间拉链可以打通上下两层，将之变成一个大容量的日用包（打通后，可以从正面大型口袋提取主空间的物件，方便放入或拿出大型物件）。

3 三脚架

在摄影装备中，三脚架的重要性常被初学者所轻视。其实，购买一支稳定的脚架并经常使用它，是我们迅速提升摄影作品品质的重要一环。选购7要素在脚架选购中，应综合考虑以下7个因素。

购买建议

1. 与相机的搭配

将三脚架从最上节到最下节全部伸出后选择。即便是最上节脚管粗细一样，因品牌不同，最下节的粗细会不一样，通常选择最下节脚管粗的脚架更容易抑制晃动，便于我们安心进行拍摄。

2. 高度

看三脚架伸展开的高度是否到目线的位置（注意是在不升中轴的情况下，因为中轴其实是个妥协的产物，在拍摄时稳定性并不好）。如果三脚架高度太低，拍摄时很容易疲劳，且摄影范围也受到限制。

3. 伸缩顺畅度

如果是旋钮式脚架，确认一下旋钮要拧到什么程度脚管伸缩才顺畅。如果是扳扣式的，则要看使用多大的力度才能松紧。我们应该选择那些操作简单、使用牢固的产品。

4. 适用环境

由于设计的不同，不同脚架开脚角度也不同，我们最好选择那些开脚角度可以进行3档调节的产品，这样拍摄时更为方便。此外，中轴反装拍摄也是我们需要考虑的因素。

在很多拍摄中，脚架中轴反装会大大增强拍摄的便利性，所以中轴的灵活性也是选择脚架中必须考虑的因素。

5. 节数

脚架有3节脚管和4节脚管两种类型。追求稳定性和操作简便的用户可以选3节脚管的脚架；考虑携带性的可以选4节脚管的脚架。

6. 扳扣还是旋钮

脚架有扳扣和旋钮两种类型，其中扳扣式脚架操作简单，伸展迅速；旋钮式脚架维护起来相对简单（当然也要知道维护方法），不过操作性可能不如扳扣式脚架好（买捷信脚架则操作性也很好，但价格相对昂贵）。

7. 价格

金属和合成树脂的使用比例不同，脚架的价格也不一样。最新采用碳素和镁合金的产品价格比较贵，但此类脚架的性能的确上乘。

另外要注意的是，一些脚架是未上漆的金属色，虽然银光闪闪的很好看，但脚架还是黑色的，显得稳重和典雅些，而且拍摄反光的物品时不会映出脚架影子。

不同的节数，收折后的背负性差异很大。另外旋钮和扳扣的特点各异，我们可以根据自己的需要进行选择。就笔者个人而言，因扳扣式脚架清洁比较方便，更倾向于选这种脚架。

青山绿水固然是拍摄的绝佳题材，但缺少了脚架，我们依然无法拍摄到美丽如纱的流水，所以购买一支合适的脚架必不可少。

EOS 60D＋EF-S 18-135mm f/4-5.6 IS，光圈: F11，快门: 1/2秒，感光度: ISO 100，白平衡: 日光

如果喜欢去野外拍摄些风光小品，脚架的重量和体积就成为关键点，这时候宁可多花钱也一定要买个碳纤维可反折的专业级产品。

EOS 60D + EF-S 18-135mm f/4-5.6 IS，光圈: F8，快门: 1秒，感光度: ISO 100，白平衡 日光

EOS 60D + EF 100mm f/2.8L IS USM MACRO，光圈: F5.6，快门: 1/60秒，感光度: ISO 100，白平衡: 日光

在微距拍摄中，为了保证足够的景深和准确的对焦，使用脚架稳定相机，然后再手动对焦和使用小光圈拍摄是非常必要的。有了好的脚架，才能有好的微距作品。

配置推荐

思锐T1205X（套装为G10云台）
参考价格：1400元

　　TX系列三脚架是思锐为旅行者设计的，其特点是采用了反折设计，所以整体十分轻小。如T1205X碳纤脚架，在反折状态最短仅有34cm，可以想象，这只比一本杂志稍长的长度在携带中何等方便。在做工上，它也比其他国产品牌更为精致一些，不会如某国产著名品牌一样操作不顺畅，因此与EOS 60D的配合，效果不错。

金钟恋山放530+PHD-52Q/630+PHD-62Q
参考价格：1280元/1040元

　　该系列脚架采用独特的炮耳构造，实现了很高的伸缩比。其具备3挡开脚角度调整的半自动低角度调节功能，新设计的镁合金本体，令机身更轻、更小巧，还有吸振功效。此外，该脚架还使用RN脚管竭力缩小了各节脚管直径的落差，所以参照非常顺畅。在具体选购时，530适合EOS 60D配合普通镜头使用，携带性也更佳。630相对粗壮结实，将来即使升级全套专业镜头甚至120相机都可使用。

4 外接闪光灯

EOS 60D是佳能第一款可以无线离机闪光的中端数码单反相机（之前的EOS 7D是高端APS-C单反相机），为其选购一款合适的外接闪光灯，然后平时大量使用无线闪光拍摄，自然颇显重要。

就目前市场上的外接闪灯品牌及型号来看，如果是入门级摄影爱好者或追求性价比的用户，可以购买国产永诺的高端自动闪光灯或进口副厂的中端全自动产品（如日清等），佳能原厂的入门产品功能和性能上比较弱，不适合选择。如果对闪灯有更高的要求，或者想一步到位，则可以购买原厂的中高端产品，它们的易用性最好，与EOS 60D的兼容性也最佳。

在购买闪光灯时，我们不推荐选择原厂的低端产品，这类产品价格不低但功能相当单一，装在EOS 60D上也并不比内闪强大太多。而在灯的数量上，单灯配合EOS 60D的无线引闪可以解决日常大多拍摄，如果你对多灯有所需求，则可以购买一支原厂顶级闪灯作为主灯，然后配以数支原厂或副厂的其他产品作为副灯，这样不但经济实惠而且效果不错。

在室外拍摄人像时，外接闪光灯由于功率可调，作用距离远，加上一定的配件后，补光能力要远高于反光板，是人像写真不可缺少的装备。

EOS 60D＋EF 70-200mm f/2.8L USM，光圈: F2.8，快门: 1/125秒，感光度: ISO 100，白平衡: 自动

选购闪光灯指南

购买时一定要选指数大的闪光灯

闪光灯指数（GN值）是反映闪光灯功率大小的指数之一，它们通常以ISO 100时，光圈级数(f) × 摄影距离(m)为基准。大家知道，使用闪光灯拍摄时，闪光灯会通过灯头，将闪光集中照射到某一方向。但这里的集中不会像激光般完全直线发射，而是向四方扩散，所以当被摄体所形成的垂直平面，离闪光灯的位置愈远，被照射到的面积便愈大。具体来讲，就

是当距离变成了两倍，覆盖面积就会扩大到两倍的二次方，即4倍；当距离变成了三倍，覆盖面积就是九倍，此时主体的受光率便会缩小为原有的1/9。所以在实际使用中，指数即使达到30~40也并不算高，购买指数小的闪灯并不合适——特别是佳能原厂闪光灯的指数计算方式以长焦为准，所以相比其他厂家虚高数倍。

TIPS
四招检查闪光灯

❶ 检查应有的部件和单据，这是必须履行的手续和步骤。一般情况下，外闪包装盒里面应该有闪光灯、说明书、皮套、保修卡、底座等。

❷ 检查闪光灯外壳与接缝。看外壳是否有损伤、划痕；接缝处是否明显裂开，可用手轻捏，看接缝处是否随着力道的变化而发生明显的闭合现象；转轴是否生涩等。

❸ 检查闪光灯触点，包括与热靴接触的触点和电池仓内的触点，检查它们是否生锈，是否存在较为明显的磨痕。如果仅仅是试机的话，这种磨痕是相当浅而且不易察觉的。

❹ 试拍测试闪光灯的闪光指数是否达标，最好带上皮尺测量距离（有经验的也可目测），检查闪光灯的测光和输出是否准确。时间及条件允许的情况下，最好将闪光灯的功能都测试一遍。

配置推荐

佳能580EX II
参考价格: 3000元

　　佳能580EX II的电源开关采用扳把式，按钮和液晶屏同步显示，操作直观性很好，容易确认。该灯支持佳能E-TTL II闪光控制，能够对环境进行智能分析并决定最佳的闪光输出。同时，它在评价闪光测光的基础上还增加了平均闪光测光，曝光准确性非常高。此外，580EX II具有前后帘闪光同步、包围曝光闪光、22级手动调整闪光输出、高速同步闪光、频闪闪光等。另外，还具有无线遥控功能，可作主灯或辅灯，具有4个频道，可控制3个辅灯，如果功能，和5D II相配合，可谓相得益彰。

佳能430EX II
参考价格: 1780元

　　430EX II的闪光指数为43（105mm、ISO100），不具有频闪闪光功能，无法作为主灯进行多灯遥控闪光。和前代的430EX相比，430EX II装载了全新的电路，通过安装大型串接式电容，缩短了大约20%充电时间。一般5号电池使用下的回电时间提升到了3秒左右。另外该灯采用和580EX II相同的发杆式快拆设计，并将闪光灯的接腿改为了金属材质，提升了闪灯的强度，与EOS 550D配合，可谓相得益彰。

日清Di 866
参考价格: 1950元

　　Di 866是日清最新推出的旗舰级别外置闪光灯，其最大特色是拥有超越原厂闪灯的闪光指数——60（ISO100，灯头变焦在105mm）。虽然售价仅为原厂的一半多一点，但该灯支持多种闪光模式，包括全自动、E-TTL/E-TTL II、光圈优先、手动、频闪、无线TLL等，并且可手动调节闪光补偿。比较值得一提的是，Di 866提供固件更新功能，只要厂方推出新功能固件，用户就可以通过闪灯上的USB接口连接电脑，然后对闪灯进行固件升级，这样一来，我们就可拥有与原厂最新产品相同的功能表现。

永诺YN 468
参考价格: 500元

　　永诺YN 468的佳能口产品，可能是目前国内市场上能够买到的最便宜的E-TTL闪灯。该灯整体小巧，闪光指数为33，基本可以满足日常需要。YN 468可以配合EOS 60D进行无线闪光（由于属于光敏引闪，所以也可以配合其他厂家的产品进行无线闪光，但只能以手动方式输出），只要灵活运用，或者干脆购买数支该品牌闪灯（由于价格便宜，目前许多摄影人确实会同时购买该厂家的多支闪灯，以组成自己的无线闪灯系统），就可以形成威力无穷的闪光系统——关键是在效果上并不输给贵过它数倍的其他厂家产品，所以说相当合算。

除了闪光灯本身，我们还要考虑购买一些其他配件（如带有聚光筒、大型柔光罩的锐鹰外接闪光灯配件套装），这样才能扩展闪光灯的使用范围，让我们真正获得无拘的补光乐趣。此外，如果您非常喜欢近距离拍摄（如微距拍摄花卉，昆虫，产品摄影），可以考虑购买微距专用闪光灯（当然也可以购买专门的微距灯架，然后购买两支普通外接闪灯安装拍摄）。

TIPS

环形闪光灯可以通过接环安装在各类镜头的前部，所以在近距补光时可以更为均匀，非常适合微距拍摄。

锐鹰闪光灯套装可以让外接闪光灯拍出像影室闪光灯的效果。该附件套装（FGA-K8）包含了反光罩、束光筒、挡光板、蜂巢片、柔光球、柔光箱等6种常用附件，其固定附件的方式设计巧妙（类似于高坚滤色镜的固定思路），是在闪光灯灯头与附件之间设置一个固定接座。这个固定接座针对不同品牌、不同款式的闪光灯有多种类型，只要我们根据自己购买的闪光灯类型选购即可，而其他闪光灯附件则是相同的，能够通用，所以扩展性能很不错。

锐鹰闪灯套装

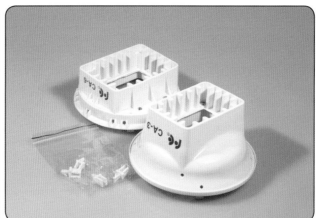

EOS 60D + EF 100mm f/2.8L IS USM MACRO，光圈: F8，快门: 1/125秒，感光度: ISO 100，白平衡: 闪光灯

局部放大

把买回的鲜花放在黑色背景板上，然后用喷壶喷上水珠，再将加了锐鹰柔光罩的永诺YN 468闪灯以三脚架立于花的左上角（右侧放反光板补光），然后以EOS 60D的内闪无线引闪，就可以在家拍出光效层次分明的花卉。

附录　Canon EOS 60D基本参数

数码相机类型	单反(APS-C)
有效像素数	1800万
传感器类型	CMOS
传感器尺寸	22.3mm × 14.9mm
影像处理引擎	DIGIC 4代
除尘功能	自动清洁感应器、手动清洁感应器、除尘数据添加到拍摄的图像
对焦系统	9点相位检测（全部为十字型，中央为双十字型），测光范围 EV −0.5~18，对焦模式包括单次自动对焦、人工智能伺服自动对焦、人工智能自动对焦和手动对焦
开机时间	约0.1秒（基于CIPA测试标准）
镜头焦距(相当于35mm相机)	相当于35mm胶片照相机的焦距长度的1.6倍
液晶屏	3英寸104万像素TFT LCD显示屏
内置闪光灯	可收回自动弹起式闪光灯 闪光指数约13/43（ISO 100，以米/英尺为单位），覆盖范围约17mm镜头视角，回电时间约3秒
闪光模式	自动、手动闪光灯开/关、防红眼功能
快门类型	电子控制焦平面快门
快门速度	1/8000至30秒、B门(总快门范围，可用范围随拍摄模式各异)
闪光同步速度	1/250秒
曝光模式	程序自动曝光（全自动、闪光灯禁用、创意自动、人像、风光、微距、运动、夜景人像、程序）、快门优先自动曝光 光圈优先自动曝光、手动曝光、B门曝光
曝光补偿	手动 ±5级间以1/3或1/2级为单位调节 自动包围曝光在 ±3级间以1/3或1/2级为单位调节（可与手动曝光补偿组合使用）
实时取景模式及画幅	实时模式、面部优先实时模式（反差检测） 快速模式（相差检测）、手动对焦（约能放大5倍/10倍） 长宽比设置可为3：2、4：3、16：9、1：1
曝光测光	63区TTL全开光圈测光: 评价测光(可与任何自动对焦点联动)、局部测光(取景器中央约6.5%的面积)、点测光(取景器中央约2.8%的面积)、中央重点平均测光
测光范围	EV 0–20(23° C/73° F、使用EF50mm f/1.4 USM镜头、ISO 100)
场景模式	标准、人像、风光、中性、可靠设置、单色、用户定义1–3
感光度范围	ISO 100~ISO 3200（基本拍摄区模式），创意拍摄区模式ISO 100~ISO 6400(以整级为单位调节)、最高可扩展为ISO12800
白平衡预设	自动、日光、阴影、阴天、钨丝灯、白色荧光灯、闪光灯、用户自定义、色温设置（约2500~10000K）
降噪能力	长时间曝光降噪功能，高ISO感光度降噪功能
自拍功能	支持10秒或2秒延时，或10秒延时加连拍
连拍速度	5.3张/秒
连拍功能	JPEG:一次最多可连续拍摄58张照片; RAW:一次最多可连续拍摄16张照片; JPEG+RAW:一次最多可连续拍摄7张照片
图像尺寸	大：约1790万像素（5184 × 3456） 中：约800万像素（3456 × 2304） S1（小1）：约450万像素（2592 × 1728） S2（小2）：约250万像素（1920 × 1280） S3（小3）：约35万像素（720 × 480） RAW ：约1790万像素（5184 × 3456） M-RAW：约1010万像素（3888 × 2592） S-RAW：约450万像素（2592 × 1728）
视频拍摄	1920 × 1080每秒30帧(全高清) 1280 × 720每秒60帧(HD) 640 × 480每秒60帧(SD)
图像的后期处理	相机内的RAW图像处理（亮度调节、白平衡、照片风格、自动亮度优化、高ISO感光度降噪功能、JPEG图像记录画质色彩空间、周边光量校正、失真校正和色差校正） 创意滤镜（颗粒黑白、柔焦、玩具相机效果和微缩景观效果）
取景器类型	约0.95倍眼平五面镜，垂直/水平方向视野率约为96%
存储卡类型	SD/SDHC/SDXC卡
照片格式	JPEG(Exif 2.21)、RAW(14位)
音频输入	立体声音频输入
回放功能	单张图像、单张图像+信息（基本信息、详细信息、柱状图）、4张或9张图像索引、可旋转图像 放大显示(约1.5倍~10倍)、跳转（按10或100张图像、拍摄日期、文件夹、短片、静止图像、评分） 高光警告，曝光过度的高光区域闪烁 幻灯片播放（全部图像、以日期、以文件夹、短片、静止图像或评分可选择三种过渡效果） 短片回放
其他特性	支持实时视频拍摄自动对焦功能
电源	1800mA可充电锂电池LP-E6
尺寸	宽144.5mm × 高105.8mm × 厚78.6mm
重量	675g（仅机身）